中等职业教育"十四五"规划教材
职业教育课程改革规划创新教材

校园安全教育

陈德波　肖会友　主　编
朱立波　　　　副主编

中国石化出版社
HTTP://WWW.SINOPEC-PRESS.COM

中国经济出版社
CHINA ECONOMIC PUBLISHING HOUSE

内 容 提 要

本书结合作者多年的德育培育、安全教育管理实践及经验编写而成，部分观点新颖，具有较强的参考借鉴价值。全书共分八篇，分别是校园安全、公共安全、社会安全、电信网络诈骗和信息安全、心理健康、传染性疾病的防治、案例警示教育、维护国家安全；书中案例均来源于近年的真实事件，对于学校安全教育管理具有很好的参考作用，对学生具有较强的警示作用。

本书适合中学和大中专院校的老师及学生学习和参考使用。

图书在版编目（CIP）数据

校园安全教育 / 陈德波，肖会友主编 . — 北京：
中国石化出版社，2023.1
ISBN 978–7–5114–6915–1

Ⅰ . ①校… Ⅱ . ①陈… ②肖… Ⅲ . ①安全教育 – 职业教育 – 教材 Ⅳ . ① X925

中国版本图书馆 CIP 数据核字（2022）第 253238 号

中国石化出版社出版发行

地址：北京市东城区安定门外大街 58 号
邮编：100011　电话：（010）57512500
发行部电话：（010）57512575
http ://www.sinopec–press.com
E–mail：press@sinopec.com
北京艾普海德印刷有限公司印刷
全国各地新华书店经销

*

787×1092 毫米　16 开本　8.0 印张　124 千字
2023 年 2 月第 1 版　2023 年 2 月第 1 次印刷
定价：29.00 元

前　言

　　亲爱的同学们，当你无视校纪校规骑乘摩托车走在喧嚣马路上的时候，想到过安全吗？当你和同学间因为点滴小事而大打出手时，想到过安全吗？当你沉迷于网络游戏、出入KTV、沉醉酒吧的时候，想到过安全吗？当你任性妄为、逃课翻墙外出，甚至夜不归宿的时候，想到过安全吗？

　　安全是什么？安全是平安、是幸福、是生命，是没有危险、不受侵害、不出事故。因为只有在安全的环境中我们才会平安和幸福，我们的生命只有在安全中才能永葆活力。安全靠什么？安全靠意识，对于我们每一个个体，一方面要有安全防范意识，防患于未然；另一方面要有安全责任意识，因为防范意识是基础，责任意识是保障。安全怎么实现？平安健康成长是我们的目标，有了目标后，我们要拿出与目标相匹配的思想认识度，拿出实现目标所需的端正态度，践行自我管理，做一个守纪、自制的人，做一个有目标后坚决行动的人。安全隐患无处不在，我们只有提高安全意识，养成良好的行为习惯，遵规守纪，学习掌握必要的安全知识和技能，隐患才会远离我们，我们的生命才会美丽绽放。

　　同学们，父母养育不易，生命是父母赋予我们最宝贵的财富，请善待自己、珍惜自己，善待他人、敬畏生命，让我们的生命之树长青！

给老师和家长们的寄语：

各位老师和家长朋友们，安全大于天，我们的责任重于山。

首先，我们要深刻认识到安全是生命的底线，是生命的源泉，是幸福的源泉，是一条必须坚守的红线。这条红线是用鲜血和教训染出来的，我们要树牢"敬畏"心理，时刻牢记于心，防患于未然，无论谁都不能触碰。

其次，每一位教职工都是自己所在岗位的安全第一责任人，每一位家长都是孩子的第一监护责任人，我们要增强责任意识，牢记担当作为，守住这条红线。

一是要树牢主体责任意识。安全这条红线是每一个责任主体的"高压线"，守住这条红线，我们要增强主体责任意识，提高思想认识，树牢"十无"安全目标，履职尽责，担当作为。我们要按照"谁主管、谁负责，谁组织、谁负责，谁使用、谁负责，谁值班、谁负责"的原则来守护这条红线；落实安全工作"党政同责、一岗双责、齐抓共管、失职追责和报告制度"；落实"三管三必须"原则（管行业必须管安全、管业务必须管安全、管生产经营必须管安全），加强安全教育和管理，有效预防各类安全事故的发生。二是我们要做到警钟长鸣，常抓不懈。思想上要重视重视再重视、要求要求再要求；做到树牢政治站位，树牢极端重要心理，树牢危机意识、敬畏心理；慎之又慎、严之又严、细之又细、实之又实，决不能有丝毫懈怠、丝毫侥幸。责任上要极其负责地履职，做到压实压实再压实、扛牢扛牢再扛牢。认识上要树牢学生严重违纪、安全事件、季节性传染病都会发生，但决不能发生责任事件，决不能出现失职、渎职、不履职、乱履职而产生的责任事件。行动上要敢管、善管，要做到极其精准、极其敏锐、极其高效。做一件好事不难，抓好一天两天的工作也不难，难在常抓不懈。我们一定要有每天都是"零起点"和"100-1=0"的思想意识，对于一个学校，本来其他工作都做得很好，但只要安全出了问题，特别是出了责任事件，一年甚至几年来的成绩都会付之东流；对于一个家庭，安全出问题，就是灭顶之灾。所以，作为老师，我们要不厌其烦地做好学校的"一日常规"管理等各项安全管理制度，履行好学校的每一项安全工作职责，才能自身履职安全，同时确保校园平安和谐。作为家长，一定要经常培养孩子安全防范意识，同时要主动配合学校做好日常监督管理。三是切忌侥幸心理。心存侥幸是人之常态，然而，很多事故都源于我们的侥幸心理。如果我们认识不到自己的安全责任，就不能在思想上对安全予以足够的重视，就不会主动去追求安全，始终处于被动状态。

安全无小事，防患于未然是关键；安全不是面子工程，而是要落到实处；安全不是喊口号，而是要真行动。让我们从小事做起，从点滴做起，坚决杜绝侥幸心理，真正将安全记在心上，真正认识到"安全不是别人的要求，而是我们自己的需要"。

珍惜青春　善待生命

安全的重要基础
——养成良好的行为习惯

养成良好的行为习惯，是安全的重要基础。俗话说得好，"习惯成自然"。我们在学习、生活、工作中，往往会因为习惯而让自己处于一种"无意识""无警觉"的惯性思维状态之中。比如，边走路边看手机的不良习惯，当我们走在车水马龙的马路上时，在这种"习惯"的主导下，我们就很少甚至不会去考虑危险的存在，陷自己于不安全的隐患之中；当我们走在人群熙攘的人行道时，这种"习惯"会为不法者提供"碰瓷"的机会。因此，我们要让安全成为一种习惯。虽然这不是一件一朝一夕能做到的事，但安全意识的树立，安全观念的形成，安全习惯的养成，既需要我们每个人自觉地"修"和"养"，也需要学校通过多种途径不断地督促、检查、排查。只有大家都养成了安全的行为习惯，才能远离事故、远离伤害，才能让我们每位师生的家庭幸福美满、安居乐业！

安全的重要前提
——遵规守纪

遵规守纪，是安全的重要前提。规章制度是学校在办学、管理、育人的实践过程中一点点积累和总结出来的实用经验，具有很强的约束性、规律性、科学性和可操作性，因此同学们遵规守纪是预防事故发生的根本。无规矩不方圆，但凡懂规矩、守规则的人，都具有很强的原则性、警惕性和敬畏心理，不安全的因素、隐患通常会被提前"过滤"。但在学习、生活、工作中，因为规矩和规则具有很强的约束性，部分同学在规矩和规则面前，出现不情愿想法，存在侥幸心理。比如，新冠疫情常态化防控期间，要求我们出门或在公共场合要佩戴口罩并提供健康码和行程码的绿码，这就给我们的出行带来一定的不便，部分同学认为这个事不会落到自己头上，因此不愿去认真地遵守；再如，学校规定，同学不能喝酒，但有的同学在周末，就会将学校的规定抛之脑后，聚会喝酒，把自己置于健康成长的反面境地。因此，我们要遵规守纪，要将学校的各项规章制度铭记于心，不折不扣地遵守。每一位同学都清楚地认识到违反规章制度就是走向安全事故的开端，让我们积极行动起来，在全校形成一个"人人讲纪律守规矩，人人关心校园安全"的浓厚氛围，在这个良好的氛围下快乐地学习，健康地成长！

安全的重要保障
——掌握必要的安全知识和防范技能

掌握必要的安全知识和防范技能，是安全的重要保障。安全，就是没有危险、不受侵害、不出事故；防范，就是防备、戒备、保护、有敬畏之心。同学们走进校园，在校园这个大家庭里，安全教育和安全工作是学校的重要工作，这是基于它的好坏直接关系到千家万户的幸福和安宁，关乎每一位同学的健康和快乐成长，因此，我们要按学校的要求，学好安全知识，掌握必要的防护、救护技能。一方面，可以避免安全事故的发生。比如，做饭的过程中，要掌握发芽土豆不能食用，野生菌、四季豆、豆浆要怎样加工才不会中毒等食品安全常识；另一方面，可以帮助我们在面临险情时成功避险、自救、他救。比如，烧菜时油锅着火应该怎么处置？食物卡在喉咙里要如何自救、他救？地震来临时要如何避险？遭遇电信网络诈骗时该如何应对？如何调节控制和妥善转移自己的情绪？如何合理处置同学间的矛盾纠纷等？

安全的决定因素
——安全意识的养成

养成安全意识，是安全的决定性因素。安全意识，就是在我们头脑中建立起来的学习、工作、生活必须安全的观念；是我们在学习、工作、生活中，对各种各样可能对自己或他人造成伤害的外在环境条件的一种戒备和警觉的心理状态。安全意识淡薄是发生事故的罪魁祸首，忽视对安全意识的培养是最大的安全隐患，轻视生命价值是造成安全意识淡薄的根本原因。增强安全意识，不仅仅是为了自身的学习、工作、生活，而是服务于生命本身的一种责任，是安全工作的灵魂。所以，切实提高我们的安全意识和素质，不断强化我们对安全事故的防范意识，真正将"安全第一，预防为主"落实到位，这样才能有效控制和减少安全事故的发生，确保校园平安和谐。

人做任何事都有一种潜在的意识支配，正是这种意识决定着我们自身的行动。意识的形成要靠平时的积累，而平时的积累和人的素质养成是紧密联系在一起的。思想是行动的先导，是精神的支柱，意识是行动的前提，也是安全的动力。解决了思想意识问题，就解决了方向和动力问题。所有的平安和事故都来自思想意识，取得平安来自意识认识到位，出现事故来自意识认识不到位。思想意识关过了，行为行动关也就过了，行动、付出就变成了自觉，顺理成章。因此，我们要建立平安健康成长的目标，拿出与目标相匹配的思想意识，拿出实现目标所需的端正态度，践行自我管理，做一个守纪、自制的人，做一个有目标后坚决行动的人，真正践行"安全第一，预防为主"的理念。

总之，同学们要牢记：安全在于意识的提高，安全在于未然的防患，安全在于灵机的应对。

目 录

第 一 篇

校园安全

在我们每个人的人生旅程中，安全问题无时无处不在，校园也不例外。近年来，根据相关资料显示，我国平均每天因意外事故死亡的中小学生多达 50 人，一年下来超过 1.6 万人。其中溺水事故死亡占 32% 左右，道路交通安全事故死亡占 28% 左右，校园伤害事故死亡占 12% 左右，斗殴事故死亡占 10% 左右，自然灾害事故死亡占 10% 左右，其他自伤、中毒、疾病等意外事故死亡占 8% 左右。平均每天就有 50 名学生因各种事故死亡，背后更是 50 个家庭的破碎，校园安全形势很严峻！

校园是个大家庭，大家庭人多、事杂，产生各类矛盾纠纷是十分正常的情况。矛盾纠纷产生了，妥善的沟通、处理就是根本和第一位的。人的本质是各种关系的总和，情绪问题很大程度上也是人际问题，而人际问题的主要成分又是沟通问题。一些错误的沟通态度、沟通方式会让我们把"小事化大"，给我们在处理同学间的矛盾纠纷时带来更多的烦恼和错误。

在生活中，我们多多少少都会难以避免地与他人发生冲突，因为人与人总会有很多不同的需求，不同产生差异，而差异是产生冲突的根本原因。现在是一个多元化的社会，这种多元性让世界变得缤纷，但有的时候也变得杂乱。

其实，我们与别人产生分歧、矛盾甚至冲突是非常正常的事情。但是，如果我们采取了错误的处理、应对方法，很容易使这种分歧、矛盾越来越大，冲突越来越严重。无论是生活还是工作，我们经常会看到很多人因为一些"小事"而恶语相向，一步步把这件事放大，最后发展到不可收拾的程度，这种情况往往是错误的处理、应对方法导致的。

有次全校性的广播操比赛，有个班比赛结束体育委员组织向中看齐时，最后排的同学 A 在跑步集中时，没有刹住，踩到了前排的同学 B。待集队结束，退场解散后，同学 B 很生气地问同学 A，刚才你为什么要踩我的脚，同学 A 不但没有解释、道歉，反而说：怎么了，踩坏了？不能踩啊，有本事你也踩我啊。这时，同学 B 真的踩了同学 A 的脚，进而两人在篮球场边扭打了起来，同学 B 身材较小，被同学 A 摔倒在地上，同学 B 不服，离开球场后邀约同学准备报复，幸好有同学报告，事件得到及时控制和处理，没有酿成更大的错误；事后，这两名同学都被学校教育并给予了纪律处分。

其实，这种情况并不少见，但是绝大部分都可以避免向更坏的方向发展。怎么做才能避免不必要的冲突呢？显然，沟通始终是分歧和冲突中最积极、最理性、最好的解决方法。在沟通中，我们要保持基本的尊重。沟通是为了解决问题，而不是用来批评和指责。当我们试图指责别人时，对方的自尊需求被激活，就会产生抵触排斥，他们就会倾向于反驳和反抗。这样一来，只会降低双方的信任水平和配合程度。在接下来的生活、学习中，会出现大大小小的问题。总之，出问题时与其不断揣测，不如直接与对方真诚地沟通，这样一来，双方不至于产生误会，更有利于问题的解决。同时，在沟通过程中，沟通的双方都要保持尊重的基本原则，相互理解、相互克制、相互谅解，这样才能做到"大事化小，小事化了"，才能实现友好相处、平平安安、健健康康、和和睦睦。

第一章　校园欺凌

校园欺凌是指同学间欺负弱小的行为，是发生在校园内外，学生之间，一方（个体或群体）单次或多次蓄意、恶意通过肢体、语言、网络等手段实施欺负、侮辱，造成另一方（个体或群体）身体、心理伤害，财产损失的攻击性行为。受害者如果受到情节恶劣的欺凌或长期欺凌，会在身体上和心灵上留下双重创伤，特别是心灵上的创伤，将会造成长期的心理阴影，影响健康，甚至影响人格发展。

一、欺凌者和被欺凌者的特征

欺凌者主要分为典型欺凌者、被动欺凌者和无意识欺凌者三类。

（一）典型欺凌者的特征

（1）性格霸道且容易冲动，倾向于使用暴力欺压他人；

（2）以自我为中心，凡事总是倾向于寻找别人的不足，对别人缺少宽容心和同情心，共情能力（能设身处地体验他人处境，从而达到感受和理解他人情感的能力）极差；

（3）长时间生活在暴力的家庭环境中，家庭教育缺失。

典型欺凌者对他人的欺凌行为，通常不认为自己存在过错，他们对欺凌对象往往存在蔑视心理，从心底看不起对方，是欺凌行为中危害最大的群体。

（二）被动欺凌者的特征

被动欺凌者一般不是直接的挑事者或施暴者，而是旁观者，他们往往是因为看见欺凌者的暴力行为后，由于同学间明哲保身的处事方式，为了保护自己免受欺凌，被迫协助、附和欺凌者进行欺凌，或是被嘲笑胆小、无用后参与欺凌。

（三）无意识欺凌者的特征

（1）个性张扬，说话随意，不知冷暖。比如，当众嘲笑、恶搞、取人绰号等行为，他们往往伤害了别人而自己还处于一种无意识的状态；

（2）无同情心，缺乏教养，缺失爱的教育；

（3）性格有一定的缺陷，甚至是精神不正常。

（四）被欺凌者的特征

（1）性格内向、懦弱、胆小怕事，被欺凌后不敢声张、报告，久而久之形成了逆来顺受的习惯，往往容易成为欺凌者欺凌的对象；

（2）缺乏与他人沟通交流的技巧，经常引起别人不适、反感、不满；

（3）有身体缺陷或智力障碍，性格或行为比较怪异；

（4）父母存在情感忽视，导致孩子自卑感强烈，总是觉得自己不如别人，不被人喜欢，是无依无靠的。

二、欺凌行为的主要表现形式

（1）给受害者取侮辱性绰号，对受害者在身体、性格上的缺陷进行嘲讽，甚至用污言秽语进行谩骂；

（2）对受害者身体进行重复物理攻击，比如，拳打脚踢、掌掴拍打、推撞绊倒、拉扯头发等；

（3）故意损坏受害者财物，或者敲诈、强索其财物；

（4）传播甚至造谣关于受害者的个人隐私、言论；

（5）恐吓、威胁受害者做其不愿意做的事；

（6）中伤、嘲讽、侮辱受害者的体貌、性格、行为、宗教、种族等；

（7）在QQ、微信等平台对受害者实施人身攻击。

三、校园欺凌的影响

（1）一般影响。受害者被欺凌后，胆子更小，在同学面前更加自卑，生活消极，失去学习的兴趣，经常无故缺席，很容易辍学。

（2）严重影响。受害者如果受到情节恶劣的欺凌或长期欺凌，将会对其造成严重影响，比如，恐惧、忧虑、酗酒、消沉抑郁、吸毒、自残、自杀等，严重影响其身心健康。

四、如何避免校园欺凌事件的发生

（1）学会正视自己。在和同学相处的过程中，要正视自身的缺点甚至是身体上的缺陷，挺胸做人，不怕别人嘲笑。

（2）学会团结同学。同学间要和睦相处，学会尊重、包容、理解和体谅他人。

（3）学会用正当合法的方式保护自己。不挑逗同学，不主动与别人发生冲突；学会调节控制和妥善转移自身的不良情绪；同学间一旦发生自己不能化解的矛盾纠纷，要及时报告。当受到威胁、攻击、欺凌时要敢于说不，想办法离开现场，第一时间报告，第一时间寻求帮助。

（4）注重细节。穿戴得体，行为端庄，语言文明，待人诚恳，不招摇炫耀，上下学、外出结伴同行，外出期间不走僻静、人少的地方，按时回家、归校。

（5）学会报告。全体同学在发现有同学受到威胁、攻击、欺凌的言语和行为时，要敢于第一时间报告。

五、遇到校园欺凌应如何应对

（1）冷处理。如果欺凌者是口头或网络上的欺凌，可以先不理会。有时候，欺凌者在得不到回应或是被欺凌者并未因此而担惊受怕时，他们会失去兴趣，事情就过去了；如果对方不收敛，要告诉欺凌者，他的行为给我们带来的伤害和感受是什么，并且要求他停止其粗暴行为，有些欺凌者面临挑战时，会收敛和停止其错误行为；如果对方还不收敛，要敢于第一时间报告。

（2）守底线。底线就是我们的身心不受伤害。一是如果遇到已经威胁到自身身心安全健康的欺凌行为，一定要大声警告对方，"你（你们）的行为是违纪违法的，会受到纪律法律的严厉制裁，会为此付出应有的代价"。这样做的目的是让周围的同学知道这里正在发生欺凌行为，让周围的同学能第一时间报告；同时，欺凌者大都知道自己的行为违纪违法，都心虚，洪亮的声音可以起到震慑作用。二是如果欺凌者还继续欺凌行为，可以采取适当的自我防卫措施。自我防卫的目的不是以暴制暴，而是起到再震慑作用，以行动告诉对方自己不是软弱可欺的。大多的欺凌者都欺软怕硬，若看到被欺凌者奋起反抗，大多会心虚而停止欺凌行为，如果被欺凌者默默忍受，反而会增加他们的嚣张气焰，得意忘形，从而持续欺凌行为，直到达到目的为止。如果自我防卫后对方仍未停止欺凌，应该在反抗的同时大声呼救求助，并且寻机逃走，过程中要想尽一切办法保护好自身安全，事后要第一时间报告。三是如果在校外遇到欺凌行为，要沉着冷静，及时向路人呼救求助，想办法避免被欺凌者带到僻静、隐蔽、封闭的场所。如果已经身处僻静、隐蔽、封闭的场所，呼救、反抗可能会遭到更加激烈的欺凌行为，这时要尽可能不去激怒对方，想办法麻痹对方，顺着对方的话去说，从其言语中找出可插入的话题，缓解气氛，分散对方注意力，同时获取信任，为自己争取时间，寻找机会逃走，而不能任由欺凌者欺凌。

　　遭到欺凌、暴力攻击，无论在校内、校外，一定要第一时间报警或报告，要让欺凌者受到应有的教育和处罚，以此来维护自身权益。很多被欺凌者被威胁若报警或报告会遭到报复，这是欺凌者心虚的表现，你若不敢报警或报告，欺凌者会将你认准为胆小怕事、软弱可欺的目标对象，他们会一而再再而三地欺凌你。因此，遭受欺凌、暴力攻击后，我们不能沉默，要敢于报警或报告，不能任由欺凌者肆意妄为。

　　另外，作为父母、老师，为了避免孩子被伤害，尤其是性格相对懦弱的孩子，我们要明确告诉他们，什么是同学间的正常争吵，什么是欺凌，怎样正确处理同学间的矛盾纠纷，要让他们知道，任何人都没有权利伤害他们，他们也没有权利伤害任何人。但一旦被他人伤害，一定要第一时间告诉自己，自己永远是他们最坚强的后盾。

第二章 矛盾纠纷

同学间的矛盾纠纷是指同学间在日常学习、生活、工作中因性格、习惯、意见、兴趣爱好、为人处世的不同导致的对同一事物的认知不同而产生的误解、不愉快。同学间产生矛盾纠纷是很正常的现象，合理、有效化解这些矛盾纠纷，是同学们不断成长成熟的标志；但如果不能合理、有效化解这些矛盾纠纷，往往会把简单的问题变得复杂化，把小事演化成不可调和的矛盾，甚至演变成严重的打架斗殴事件，给自己、他人和各自的家庭带来不必要的麻烦。

一、常见矛盾纠纷的表现形式

同学间在相处过程中因性格、习惯、意见、兴趣爱好、为人处世的不同导致的误解、不愉快等原因产生的矛盾纠纷，主要表现为以下两种形式。

（1）一般形式。当面争吵，通过 QQ、微信等平台互相争吵、攻击、谩骂，严重的升级为两人之间的打架斗殴。这种形式的矛盾纠纷比较普遍和正常，只要双方不动用肢体外的其他工具，一般不会造成严重伤害。

（2）极端形式。由于双方或一方"不服"，不能合理、有效化解矛盾纠纷，导致矛盾纠纷升级，双方邀约人员"处理"，发展为群体性事件，甚至发生报复性群体性事件。绝大多数群体性事件都是这样演变而来的，危害性极大，严重扰乱学校正常的教育教学秩序和社会治安。

二、校园矛盾纠纷有哪些危害

（1）不利于营造"比学赶帮超"的良好学风；

（2）不利于构建尊重、理解、包容、体谅、和睦的校园人际关系，甚至给自己或他人造成长期的心理负担和阴影；

（3）破坏健康快乐成长的阳光校园氛围，甚至影响学校正常的教育教学秩序；

（4）严重的将酿成治安、刑事案件，葬送自己、他人的锦绣前程，毁坏自己和他人的幸福家庭。

三、如何预防和处理同学间的矛盾纠纷

鉴于矛盾纠纷的危害，同学间在相处过程中应做到相互尊重、相互理解、相互关心、相互包容、相互体谅、和睦相处，尽量避免发生矛盾纠纷。

（1）任何时候都要注意说话的方式和技巧，不恶语伤人，不粗言秽语。俗话说"病从口入，祸从口出"，同学间的矛盾纠纷大多数由不文明用语和口角引起。

（2）不要太自我，学会尊重别人。少数同学过于自我，总是看别人不顺眼，觉得别人不尊重自己，和自己对着干，不会换位思考，总想别人和自己一样。切记"要想别人尊重，先要学会尊重别人"。

（3）诚实谦虚、诚实守信。在与别人相处过程中，不说大话、不盛气凌人、不摆谱、不信口开河；答应别人的事要全力去做，如果做不到，要解释清楚；要学会说"不"，当自身不具备相应能力时，要学会委婉拒绝别人的请托。

（4）遇事冷静克制，切忌用"哥们义气"的方式来处理同学间的矛盾纠纷。同学间的同窗之谊是最纯洁的，无论矛盾纠纷因何而起，都要保持冷静态度，尊重、包容、理解和体谅对方，用合理、合法的方式去解决它，学会做到"大事化小，小事化了"。自行解决不了的，切记要第一时间报告，由学校帮助调解，切忌通过所谓"江湖"办法邀约他人来解决，那样只会将简单问题复杂化、个体矛盾群体化，最后演变成严重的群体性事件，甚至发展成报复性群体性事件。

（5）当遇到他人争吵、打架斗殴时，既做到拒绝参与又要积极劝阻制止。当我们遇到他人争吵、打架斗殴时，一定要保持头脑冷静，既不能因为是自己的朋友而参与"帮忙"，也不能因为不认识就视而不管。根据情形，若双方人数较少，可以自己或与同学一起上前劝阻，化解冲突；若双方人数较多，甚至携带凶器，应立即报告学校，紧急情况下应拨打"110"报警，及时制止事态扩大。

切记，在处理同学间的矛盾纠纷时，帮助朋友最好的方式永远是"劝"，而不是"火上浇油"。朋友被欺负要劝阻，劝阻欺负他的人，阻止朋友受到伤害，劝阻不了时要第一时间报告；遇到朋友邀约自己参与其为解决相互间矛盾纠纷而约的"架"时，更要劝阻，以避免事态扩大，劝阻不了时要第一时间报告，由老师来劝阻，这样才能真正帮助到朋友。如果你为了"哥们义气"，应了朋友邀约的"架"，那就是"火上浇油"，不但帮不到朋友什么忙，甚至会把自己和朋友"都烧没了"！

四、学会自我管理和情绪的调节控制妥善转移

合理、正确地处理同学间的矛盾纠纷，学会自我管理和情绪的调节控制妥善

转移非常重要。自我管理能力是指依靠我们自身的主观能动性，有意识、有目的地对自己的思想、行为进行转化和控制的能力。作为一名学生，自我管理能力主要包括自我安全管理、态度管理、情绪调节控制和妥善转移管理、手机管理、时间管理、欲望管理、语言管理、行为管理、人际管理、生涯规划管理等，下面主要阐述情绪调节控制和妥善转移管理的问题。

每个人都有脾气。在与人交往、相处的时候，如果控制不住自己的脾气，过多情绪化，就会影响我们的人际关系、学习、生活和工作。发泄情绪是本能，管理情绪才是本事。正确认识情绪，学会与之相处并能调节、控制和妥善转移，是人生需要学习和实践的非常重要的一课。无论在任何时候，我们都不能被情绪所控制，要成为情绪的主人，赢得并活出更加精彩的人生！

情绪到底是什么？情绪与我们的内在感受有关，当我们内心阳光、愉悦，伴随的情绪是积极的；当我们内心压力较大、矛盾连连，伴随的情绪是消极的。因此，情绪是内在感受的外在表达，感受在内，情绪在外，同步发生。它是与生俱来的，是生命的重要组成部分、不可或缺，随时伴随我们左右；积极的、正面的情绪让我们阳光、愉悦，消极的、负面的情绪使我们沮丧、惆怅，但不管是积极的、还是消极的，都是客观存在的，不以我们的主观意识为转变。所以，无论你喜不喜欢，它都存在，我们只能认识它，调节、控制和妥善转移它。

情绪化到底是什么？人都有情绪，情绪有积极和消极之分，无论积极还是消极情绪，都要有度，都需要我们进行管理，无管理、不适度就会形成情绪化。情绪化，就是一个人的心理状态容易受外界因素干扰而波动，不能用理性控制自己的行为，在情绪强烈波动的情况下，做出缺乏理智的事情。情绪化之所以具有破坏力，不是因为情绪变化多、快，而是行为缺乏理性支持。换种说法，造成伤害的不是情绪，而是顺着情绪做出的行动。也就是说，我们每个人都会产生很多情绪，有没有情绪并不是问题，能不能用理性支配情绪下的行为才是问题。因此，我们需要调节、控制和妥善转移的，不是有没有情绪，而是将情绪过多地付诸行动。比如，我们可以愤怒，愤怒是可以的，但是你不能因为愤怒而做出缺乏理智的事情，甚至伤害他人或自己。

所以说，一个心理成熟的人，不是没有消极情绪，而是善于调节、控制和妥善转移自己的消极情绪。同时，理性对情绪下行为的支配程度，代表着一个人的成熟程度；宽容是化解矛盾的最好办法，谅解是解决问题的关键；学会情绪的自我调节、控制和妥善转移，积极、健康、阳光的心态将陪伴你在校的每一天。

（一）自我情绪调节控制和妥善转移的重要性

情绪是人的心理活动的重要表现形式，有积极情绪和消极情绪之分，它蕴含着一种神秘的力量，能使你精神焕发或萎靡不振、冷静思考或暴躁易怒、从容面对或惶惶不可终日、对生活充满甜蜜快乐或抑郁沉闷黯淡无光。在现实生活中，我们不可能永远处在好的积极的情绪之中，生活中有挫折、有烦恼，就会有消极的情绪产生，如愤怒、憎恨、嫉妒、哀怨等，消极情绪很容易让人产生不理智不冷静的冲动行为，往往有百害而无一利，所以才有"冲动是魔鬼"之说。比如，大多数杀人犯并不是从一开始就想着要杀人，大多属于自身情绪失去控制后的一种极端转移行为，所以调节控制和妥善转移好自身的情绪非常重要。

（二）如何调节控制和妥善转移自己的情绪

1.总体调节控制和妥善转移的方法。

缓一缓：如果消极情绪出现，一定要让自己停下来，想办法缓和自己的情绪，此时最不宜做出决定。因为在消极情绪左右下，我们往往缺乏冷静的思考，极易做出错误的决定。

想一想：想点、做点有意义的事，比如，看电影、玩游戏、做运动等，达到平复情绪的目的。情绪基本平稳后，冷静思考怎样解决让你情绪消极的这件事。

接着做：通过以上两个方法驱赶消极情绪后，我们再回到原来引发消极情绪的事情上，用想好的办法妥善解决它。

2.具体调节控制和妥善转移的方法。

"哭"。每个人都会哭，但是如何哭才能更有效地调节舒缓情绪呢？选择一个没有人的地方，让自己大哭一场。哭的时候你可以放开声音，让气从丹田发出来，震荡心肺，号啕大哭。这种哭会带出积累在你身体内的负面情绪能量，使之得到充分释放。小孩子就是用这种方式来调节情绪的，所以他们号啕大哭完后，身心舒畅，马上又进入当下的快乐。受一些传统思想的影响，认为"哭是软弱的表现"，因此很多人都会觉得哭是一件很丢人的事情，其实内在真正有力量的人敢于接纳自己的脆弱。勇敢并不是没有脆弱，而是在自己脆弱的时候依然愿意面对。

"笑"。每个人都会笑，生活中我们经常笑，但当我们遇到问题，情绪负面、消极时，笑是一种调节、舒缓情绪的良方。笑可以帮助我们打开胸腔、腹腔、喉腔，让积累在体内的情绪能量以一种积极、自然而然的方式释放出来，所以，人们常说"笑治百病""笑一笑、十年少"。试想一下，我们不可能一边开心地笑，一边持续地感到难过、沮丧，所以笑着笑着，感觉好像就没那么糟糕了。

文字表达。情绪的本质是能量，不能被消灭，因此，我们可以用文字表达的方式来释放自身的情绪，比如写日记、做记录。当你感到很不开心的时候，可以选择一个安静的角落，告诉身边人不要打扰你，给自己一点时间独处。还可以选择一首符合当下你心境的音乐，让自己沉浸在情绪中充分地体验它，然后用文字记录下此刻内心的所思所想。不用在乎记录是否工整，是否有修辞手法，也不要管是否有逻辑，想到什么就写什么，直抒胸臆，卸下内心的优雅面具，不装不藏，任意书写，甚至骂几句脏话、甩几句狠话，这些都是可以的，你可以完全接纳这个状态。

写完日记后把它保存起来，三天之后再拿出来看，这是一个非常好的认知自己的过程，可以冷静地思考当时自己为什么会有那样的情绪，以及在这些情绪下会产生怎样的想法，从中看到自己的思维模式和情绪反应模式，进而更深入地观察自己、解读自己、了解自己。文字的表达可以参考这三种形式。一是用内心的真实情绪来表达，比如"我很难过、我很伤心、我非常生气、我无法控制自己"等；二是用陈述性的语句来表达，比如"我的心忐忑不安、我好像被关在一间小黑屋里、我好像被剥夺了一切人身自由"等；三是用你当时想做的事来表达，比如"我真的想打他、我想从这里跳下去、我不想受到任何约束和限制"等。我们结合当时的情绪和心境，选择表达的方式，来管理自己的情绪。

意识控制。当消极情绪即将爆发时，要学会用意识控制自己，提醒自己要冷静。同时，还可以进行自我暗示，"别发火，别冲动，冲动是魔鬼"。

运动调节。比如，打球、跑步，在校园里漫无目的地走一圈，增加肌体对氧气的呼吸量，慢慢地就可以达到平复自身情绪的目的。

宣泄调节。宣泄分两种，一种是遇到不愉快的事情、委屈，不要埋在心里，要向知心朋友、亲人诉说出来，或找个僻静的地方大哭一场，这样可以释放内心郁积的不良情绪，有益于保持身心健康。另一种是当我们非常愤怒举起拳头的时候，转个方向，把它击打到墙上、地面上，如果力量够大，会感觉到很痛，也就能意识到这样的怒火如果宣泄转移到他人身上的后果。

阅读调节。阅读可以有效转移我们的注意力，当你情绪不稳定时，可以随意拿起一本书，不管它是什么书，也不管翻到哪一页，无选择无目的地翻看，几分钟后你的情绪就会慢慢平复下来。

换环境调节。马上离开"是非"之地，到别处走走，大自然的奇山秀水能震撼我们的心灵。散步、到外边走走、登上高山，会顿感心胸开阔；放眼大海，会有超脱之感；走进森林，会觉得一切都那么清新。这种美好的感觉往往都是积极情绪的诱导剂。

自我鼓励调节。用哲理、名言安慰自己，鼓励自己同痛苦、逆境作斗争，自娱自乐，会使你的情绪好转。

自我安慰调节。当我们追求某项目标而不达时，为了减少内心的失望，可以找一个理由来安慰自己，就如狐狸吃不到葡萄说葡萄酸一样。这不是自欺欺人，偶尔作为缓解情绪的方法，是很有好处的。

生活中，大家都在谈情商的重要性，其实，情商主要是指我们对自我情绪的管理能力，它包括对自我情绪的管理，也包括我们对他人情绪的感知。因此，一个情商高的人，不是没有消极情绪，而是善于调节控制和妥善转移自己的消极情绪。总之，情绪失控，极容易导致行为的冲动，阻断了我们合理的思考过程，最终酿成伤人伤己的错误。过程中不管你对别人、对自己说了多少遍"对不起"，但那个"伤疤"依然存在。因此我们一定要学会情绪的调节控制和妥善转移——先处理心情，再处理事情，动不动就愤怒的人，只能显示自己幼稚得无法驾驭自己的情绪。

第三章 群体性报复性打架

　　校园群体性打架事件是指同学间产生矛盾纠纷后，双方各自邀约同学、朋友"帮忙"，有目的、有计划、有组织地相约在某一时间某一地点进行的有一定数量和规模的斗殴事件。校园报复性打架事件是指同学间因矛盾纠纷发生打架事件后，觉得"吃亏"的一方不服气，再次邀约一定数量的人员实施打击报复，将双方矛盾进一步升级的斗殴事件。校园报复性打架事件中，人员数量不占优势的一方为了不让自己"吃亏"，会事先准备一些器械甚至是管制刀具，这类事件如果得不到及时制止，通常会酿成严重后果，严重扰乱学校正常的教育教学秩序和社会治安。

一、引发群体性或报复性打架的主要原因

（一）不良的过程习惯养成

　　（1）校情。一是中职学生绝大部分是高中落榜学生，在思想、学习、自我管理方面存在较大差距，部分学生过早丧失其应有的信心和学习积极性，觉得自己没有了希望，认为就读职业学校是无可奈何的选择，导致学校过程管理培育难度较大。二是教师编制严重不足，尤其是专业课教师。如某校有教职工 122 人（含外聘 29 人），其中专任教师 85 人（含外聘 12 人），全日制在校生 2818 人，师生比 1∶33.2。由于教师不足，尤其是专业课教师不足，导致实训课开出率不能完全满足学生实训需求，基础课程占总课程的 45%，部分同学的厌学情绪和无可奈何思想得以延续，认为自己即使就读职业学校也没有希望，产生了"混"的思想。三是由于教职工队伍数量不足，导致过程能投入的管理人力不够，管理力量薄弱。

　　（2）家情。一是成长的环境。部分单亲家庭，由于父母亲的矛盾，影响到子女的健康成长，出现了逆反、"破罐子破摔"、随意交友、心理疾病、精神疾病等严重问题，有的同学甚至出现家庭"谁都管不了"和"谁都不管"的情况。两地分居家庭，由于父母或其中一方长时间在外务工，缺乏有效的沟通交流和引导。二是教育方法。部分家庭平时不教不管，但当子女犯错时，就以打骂等极端方式教育管理；少部分家庭在子女犯错时，没有正确教育引导，出现"抬头、撑腰"的情况，严重误导子女的心智；部分家庭以多给生活费的方式弥补长时间的分居，

忽视了日常的情感沟通。三是思想认识。部分家庭有"托儿"意识，认为将子女送到学校后，一切事情均应由学校来处理解决；部分家庭注重眼前既得利益，在子女思想动摇，产生厌学、辍学情绪时，完全以子女的意志为转移，随意同意辍学，外出打工挣钱。

（3）社情。社会对职业教育的评价并不是很肯定，认可度不是很高，一部分人还普遍固守着"初中—高中—大学"的人才成长模式，认为这才是正道。而选择职业学校是一种不得已而为之的办法，只有学习后进或类似情况的学生才到职业学校就读。

（4）学情。一是学习方面。大部分同学理论基础薄弱，自信心不强，对自我的认识模糊，对学习缺乏兴趣，时间观念淡薄。二是思想方面。部分同学思想认识不到位，态度消极，不够进取，得过且过，职业理想模糊，职业目标不明，没有拿出该有的行动，由于义务教育阶段的"后进"经历和挫折打击，让他们感觉几年读下来，什么都没学好，认为就读职业学校是无可奈何的选择。三是自我管理方面。部分同学缺少独立的道德评价能力，很容易受外界影响，做出有违准则和他人权益的行为，甚至被别有用心的人员利用、控制。

（二）愚蠢的"哥们义气"

中职学生正处在第二性征期，心智模式还没有完全成熟，感性大于理性，自我教育、自我管理、自我改进、自我提高的"内生式"成长能力尚未完全形成。少部分同学处理问题和矛盾纠纷有时无原则地讲"哥们义气"，认为不"帮"就是没义气，往往不问缘由、不分对错，只要有人"约"就上，甚至打了架、严重违纪了都不清楚是怎么回事。

（三）酗酒

事实证明，大部分打架事件都和酗酒有关。平时，同学间的小矛盾小纠纷本来不算什么事，可喝酒后就不一样了，在酒精的刺激下说话声音大了、胆子壮了，相互之间的矛盾也被放大了，凡事都要论个对错、争个高下，本来两个人很容易说清楚的事，酒后反而说不清楚了，越说不清人越多，往往最后就演变成严重的群体性打架事件。

（四）法纪意识淡薄

法纪意识淡薄，做事没有分寸、不计后果，也是引发群体性或报复性打架事件的重要原因。少部分同学不了解学校的规章制度，不学相关的法律法规，对法纪缺乏"敬畏"心理。同时，对自己的前途漠不关心，制定的学习上、行为上、纪律上的目标、计划，只是为了完成班主任下达的任务，实质上是一张"废纸"，没有任何指导行动的作用，更没有把目标、计划当成是通过自身的努力付出要达到的理想状态。

二、如何预防群体性或报复性打架

（一）正确认识同学间的矛盾纠纷

同学们学习、生活、工作都在一起，都生活在校园这个大家庭里，产生矛盾纠纷是很正常的事，这就跟我们就餐时不小心会咬到舌头，走路时不小心会踢到脚一样。因为我们每个人都有各自不同的性格特点，不同的兴趣爱好，不同的价值取向，生活在一起，对同一个问题，大家的看法不可能完全一致，对班级上同一件事情的处理，也会有各自不同的意见和方法，意见有分歧，方法有不同，相互之间就会有争论，甚至争吵，这些都是很正常的。比如，拔河比赛期间、广播操比赛结束跑步集队时，都会发生踩到同学脚的情况，这很正常，这是事物的本质决定的。我们要学会辩证地看待这个问题，不要一争论、一争吵，发生一点意外就敏感地认为是别人故意针对自己，和自己过不去。

（二）用正确的方式处理同学间的矛盾

同学间一旦产生矛盾纠纷，要控制住自己的情绪，保持头脑冷静，防止因一时冲动而造成矛盾纠纷升级。要理性分析相互之间产生矛盾的原因，多从自己的身上找问题，学会多角度看问题、思考问题，多理解包容他人，做到"大事化小，小事化了"。要学会说"对不起"，学会道歉。如果矛盾纠纷复杂，尽管自己很冷静，但还是处理不了的，要第一时间报告，由老师帮助调解。

（三）同学、朋友和他人产生矛盾纠纷时，要理性相帮

同学、朋友和他人产生矛盾纠纷，邀约自己帮忙时，要理性相帮，不能只有无原则的"哥们义气"，要了解清楚事情的缘由，并理性进行评判。如果是他人故意欺负自己的同学、朋友，要劝其第一时间报告，让对方得到应有的处罚，不能用聚众报复的方式去回应对方。如果是同学间的小矛盾、小纠纷、小意外，问题不严重或双方都有过错，要劝其多理解、包容、体谅，和对方心平气和地谈，不要恶语伤人，更不能挑衅对方。如果是自己的同学、朋友的过错，要想办法做其思想工作，不可错上加错，主动和对方道歉，化解矛盾纠纷。以上不论是哪种情况，如果劝不了，最好的相帮方式是第一时间报告，由老师帮助调解，这样才能及时制止事态的扩大，避免不良后果的发生。

（四）要遵规守纪，不惹是生非

遵守学校的规章制度是学生的天职，自我约束是健康快乐成长的关键。那些经常和同学发生矛盾纠纷的同学，大多都不能认真遵守学校的规章制度，缺课、出入酒吧KTV等娱乐场所、酗酒等，缺乏自我教育、自我管理、自我改进、自我提高的"内生式"成长能力，缺乏自我约束的勇气和毅力。而那些主要把心思和精力用在学习上的同学，都能遵守学校的规章制度，很少和同学发生矛盾纠纷。

关于这个问题，同学们一定要引起重视，本书第七篇第三章案例1就是一个非常典型非常惨痛的教训，该事件已经过去多年，但当事同学的父母到现在还没能从悲痛中走出来。

第四章 自我伤害

校园自我伤害是指学生由于心理、情绪、人际、学习等方面原因通过危险的方式伤害自己的身心健康的行为。

一、容易自我伤害的学生类型

（一）因受到突然刺激，直接做出伤害自己的行为

这类学生平时一般没有自我伤害的意识和倾向，但成长过程中没有经受过挫折，大多在顺境中长大，当突然遇到刺激、遭受挫折时，不知道该怎么去面对和解决，心理、情绪的承受能力不够，一时控制不了自己的情绪，从而直接做出伤害自己的行为。

现实案例：张某某是某职业技术学院的学生，一天，女朋友突然提出分手，张某某经受不住这突如其来的打击，没能控制住自己的情感和行为，跳入了旁边的河里，幸好被路过的行人及时救了上来。

（二）父母长期的情感忽视，导致性格孤僻、独来独往、特别敏感

一个性格特别敏感的人，在和别人交流的过程中，一个小细节、一句话、一个表情、一个动作都会被无限放大。比如，几名同学坐在一起闲聊，过程中只因看了一名路过的同学几眼，这名路过的同学就敏感地认为几名同学是在议论自己，甚至是在说自己的坏话，从而给自己施加了无形的心理压力，一段时间后，这名同学越来越不愿意和另外几名同学相处，他们的关系越来越疏远。因长期处于敏感、孤立、自卑状态，这名同学的内心越来越脆弱，到了"一碰即燃"的危险境地。

二、自我伤害的方式

（一）自伤

自伤也叫自残或自虐，比如，用刀子把自己的手腕割破，用烟头将自己烫伤等，通过这些行为来减轻自身的压力，或者是通过这些行为来引起别人的注意。对于他们来说，隐藏在内心深处的痛苦要远远大于自伤给他们带来的痛苦，所以自伤已经成为他们减轻内心痛苦的一种依赖。自伤主要发生在13~16岁青少年群体中，因为不会危及生命，所以往往不会引起家长和社会的高度关注。

（二）自杀

自杀是指个体在复杂心理活动作用下，蓄意或自愿采取各种手段结束自己生命的危险行为。发生在学生群体中的自杀行为，一般分情绪性冲动型和理智性心理障碍型两种。前者是因为心智不成熟，对事物认知有偏差，做事容易冲动，不计后果。后者是因为性格内向、孤僻，凡事以自我为中心，他们难以和别人建立正常的人际关系，很难通过其他方式来疏解其内心痛苦，当痛苦突破其心理承受的极致时，就导致了他们的自杀行为。

三、学生自我伤害的防范

（一）重视生命，树立正确的人生价值观

孔子曾经说过："天地之性，人为贵"。可见，生命之重。一方面，生命是非常脆弱的，是唯一的，每个人的生命都只有一次，没有来生。另一方面，我们的生命是父母给予的最美好的东西，任何人包括我们自己都没有权利去伤害它，相反，我们要懂得珍惜和尊重，只有珍惜生命的美丽，才会懂得生命的意义。其实，人生就是一次快乐而艰巨的生命之旅，在这次生命的旅途中，有彩虹，也有风雨，无论什么时候，对生命都要学会敬畏和尊重。我们要在生命最美的时候，珍惜生命的每一天，好好地生活，好好地做人，好好地学习，每天都活出别样的精彩，这样才能报答父母的养育之恩，才能赋予我们生命的意义。

（二）以家、校为联动主体，建立家、校、社会联动机制

对有自我伤害倾向的学生，家长要主动和学校沟通，明确告知校方特别是班主任其孩子的基本情况，请学校给予更多的关注。学校要适时以班级为单位进行摸底排查，对该类学生要建立专门的工作档案。班主任、心理健康教育教师要加强同父母、监护人的沟通，时时掌握学生的思想动态，形成有效的家校监护网。要通过一对一谈心、班级活动等形式，对学生进行疏导和帮助，使其尽可能融入班集体中来。对于情况相对严重的学生，学校要及时建议父母，通过社会专门的机构和人员进行心理干预和治疗。

第五章　早恋早孕

目前，中等职业学校学生早恋问题比较突出，已经成为一个非常棘手的问题。极少数女同学不懂得洁身自好，放弃底线，过早发生性行为，出现早孕甚至生子的情况，最终毁了前程、伤了父母、毁了家庭。

一、早恋早孕的危害

（一）分散精力，影响学业，读书生涯半途而废

中专学生的学业成绩较普高学生差，大多数是"后进"的，将来毕业后要能够立足于社会，他们需要付出更多的精力和努力，去练就一技之长。然而，部分同学思想认识不到位，自我认识模糊，对学习缺乏兴趣，时间观念淡薄，态度消极，没有对自我进行严格管理，出现早恋现象。一旦早恋，由于心智模式不成熟，导致沉溺于恋爱的幻想中，再无兴趣和精力投入学习中，严重影响学业，甚至中途辍学或被学校劝退。

（二）因恋爱争风吃醋，导致酗酒、打架等不良行为

对于中专学生来说，由于心智模式不够成熟，导致情绪的调节控制和妥善转移能力不够，不能妥善处理同学间的矛盾纠纷，容易争风吃醋，甚至发展到酗酒、斗殴等，最终导致严重的行为后果。

（三）发生性行为，导致早孕甚至生子，毁了前程、家庭和父母

有的学生在恋爱过程中完全失去理智，不考虑后果而发生性行为，种下苦果。对于女生来说，自己的身心将遭受不同程度的摧残和创伤，最终毁了前程、伤了父母、毁了家庭。

（四）早孕后无知的行为，导致自己走上违法犯罪的道路

有的女生早孕后，不敢和别人说，也不知道要怎么处理，忐忑不安、惶惶不可终日，一直拖到私下产下婴儿。产婴后因为无知和恐惧，将婴儿遗弃在卫生间、垃圾桶等地方；有的产下婴儿后因为其哭啼，怕别人听到发现将其掐死，就这样从违纪开始，一步步把自己推向犯罪的深渊。

二、中专学生容易发生早恋的原因

（一）没有明确的学习和人生目标

从生理年龄上讲，中专学生喜欢异性很正常，但导致早恋的主要原因是没有明确的学习和人生目标，不知道自己究竟要"要"什么。根据马斯洛的"需要层次"理论，一个人的内在需要是产生其行为动机的根本原因，也就是说一个学生如果有了明确的学习目标，他就会转变思想、端正态度，拿出实现目标该有的行动，自觉产生学习的动力，把精力放在学习上，就算喜欢某一个异性，也只会悄悄埋在心里。但部分中专学生由于义务教育阶段的"后进"经历和挫折打击，让他们感觉几年读下来，什么都没学好，认为就读职业学校是无可奈何的选择，由于思想认识不到位，自我认识模糊，态度消极，产生了继续混日子的想法，最终导致早恋行为的发生。

（二）家庭教育缺失或不良家庭环境的影响

对于处于青春期的孩子，家长一定要和他们探讨"如何与异性交往"方面的知识，并关注孩子的心理变化情况。不能只作简单的提醒和粗暴的阻止；不能因为工作忙或在外务工不在其身边，就放任不管；不能因为离异或重组家庭，把所有的痛苦转嫁给孩子；不能用打、过分的骂、挖苦等粗暴的方法教育孩子；要注重家风建设，以好的家风、好的教育方法、正能量的行为来教育和启发孩子。

（三）不良的跟风行为

有少数同学的恋爱行为属于跟风行为，他们看到身边的同学在谈恋爱，感觉自己不谈没面子，于是盲目地去跟风，这样就淡化甚至放弃了自己的理想与目标，置自己于放任的状态。

三、中专学生应避免早恋早孕

（一）如何避免早恋

1.正确认识早恋的危害。

从思想上认识到，自己还是未成年人，还是一名学生，学业未成，衣食住行都要依赖父母，如果早恋，影响甚至无法完成学业，本来就"后进"的自己要拿什么去立足于社会，又有什么资本去承担家庭责任。特别是女生，一定要想清楚不成熟的早恋行为，不可能有结果，几年后，当你优秀了、心智模式成熟了，你会非常后悔在中专的这段恋爱的经历，甚至会成为你终生后悔、终生不愿提及的往事；如果控制不好，在恋爱过程中种下的苦果最终受伤害的是自己和家人，甚至可能会毁了自己的前程，伤了父母，毁了家庭。

2.确立自己的学习和人生目标，立志上大学或中专毕业立足于社会后再考虑个人情感问题。

在学校，根据自己的专业确立学习目标，使自己处于主动学习状态，也就没有时间和精力去考虑这些问题。一旦学业、事业有成，自己已经成年，不但可以自由恋爱，还可以提高自身的择偶标准。

为避免早恋行为，希望同学们做到以下"六个要"：要确立目标，做一个有理想、有目标的人；要想清楚自己究竟要"要"什么？要拿出与目标相匹配的思想认识度；要拿出实现目标所需的端正态度；要践行自我管理，做一个爱国、守纪、自制的人；要践行主动学习，做一个有理想、有目标后坚决行动的人。当同学们有了理想、目标和端正态度后，行动就会变得自觉了，一个主动学习、主动做事、有责任心、有上进心、有担当精神、能吃苦耐劳、充满事业感和正能量的你就"炼"成了。

（二）女生如何避免早孕

女生在上学期间早孕会给自己、家人和学校带来不良影响，会严重损害自己的身心和家人的生活，因此，即便是没有管理和控制好自己，已处于早恋中，也一定要懂得洁身自好，守住底线，清楚什么事可以做，什么事不可以做，避免给自己和家人带来严重伤害。

（三）女生早孕后的处置

女生一旦发生早孕情况，要用对生命负责对自己身心负责的态度进行处置。要坦然去面对，告知父母、班主任或可信任的朋友，尽早到正规医院终止妊娠，尽量减小对自己身心的伤害，不要自行购买药物或到不正规的诊所终止妊娠。如果因为自己的无知拖到最后产婴，要告知父母、班主任，到正规医院生产，生产后不得有任何伤害婴儿的违法犯罪行为。

第二篇

公共安全

第一章 道路交通安全

每天我们都要出门，出门就会涉及道路交通安全问题，它不仅涉及个人的身体健康，还关乎我们家庭的幸福。近年来，随着国家发展和人民生活水平的提高，人们出行越来越便利，基本是大路通到家门口，出门就可以坐车，已真正进入"汽车时代"。也正因如此，道路交通安全形势很严峻，据世界卫生组织统计，至2020年道路交通伤害已成为全球疾病负担的第三大因素，就我国的现状来看，在校园安全事故中，道路交通事故死亡占28%左右，仅次于溺水事故，形势非常严峻。同学们一定要牢固树立交通安全意识，掌握必要的交通安全知识，确保我们出行安全。

一、步行道路交通安全常识

（1）在划有机动车道、非机动车道和人行道的道路上，我们应当在人行道内行走，在没有划分上述车道的道路上，我们要靠道路的右侧行走。不能边走路边玩手机，不在公路上、马路口和机动车道坐卧、停留、打闹、来回奔跑、相互追逐、随意突然横穿马路。

（2）在城区，要严格按照交通信号灯的指示，"红灯停，绿灯行，见了黄灯等一等"，必须走斑马线。在没有交通信号灯的山区，横穿马路时要"一停二看三通过"。

（3）不在马路上扒车、追车，不强行拦车或向马路上抛物。

（4）不穿越、倚坐人行道、车行道、铁路道口的护栏。

（5）不在马路上滑旱冰、打球、跑步、玩游戏等。

二、自行车使用安全常识

《中华人民共和国道路交通安全法实施条例》规定：不满12周岁的儿童，不准在道路上骑自行车，不满16周岁的人不准在道路上驾驶电动自行车，不满18周岁不准驾驶摩托车，更不许无证驾驶任何机动车。当我们已达到法定的骑车年龄，准备骑自行车和驾驶电动自行车时，必须认真学习交通法规，掌握安全骑车要领。当我们已经掌握骑车技术，可单独骑车时，还应该遵守以下安全骑车规则。

（1）严禁驶入机动车道。在道路划有非机动车道的路段，骑车要走非机动车车道，不许在机动车道和人行道上骑自行车；在没划有非机动车道的道路上，要靠路的右侧通行，不许逆向行驶。过程中不互相追逐或竞驶，双手不离把、不带人，更不能逆向行驶。

（2）严格遵守交通信号灯。过路口时，要严格遵守交通信号灯的指示，红灯停、绿灯行、黄灯等一等，应停在停止线以外，不得超越停止线，过马路须下车推行，严禁闯红灯。如果没有交通信号灯，要遵循"一停二看三通过"的原则，不可盲目通行甚至"抢行"。

（3）转弯前，要减速慢行向后瞭望，并伸手示意。左转弯伸出左手示意，要看清楚前后无来往车辆时才能转弯，切不可在前后有来往车辆行进过程中突然猛拐，争道抢行。

（4）自行车在道路上停放，应按交通标志指定的地点和范围有秩序停放。在没有设置交通标志的路上停放也不能影响车辆、行人的正常通行。

三、乘车安全常识

（1）同学们在出行过程中如果选择乘车要乘坐正规的营运车辆，不乘坐"三无"、超员及农用车辆。以下情形尽量不搭乘网约车：一个女孩子在夜深的时候；一个女孩子前往偏僻地方的时候。

（2）乘坐公共汽车、电车和长途汽车须在站台或指定地点依次候车，待车停稳后，先下后上；在道路上搭乘机动车，应当从车身右侧上车；不得强行上下或者攀爬行驶中的车辆。下车后，应立即走上人行道，千万不要随意横穿马路，以防被车撞到。

（3）不要在车行道上或交叉路口处拦出租车，应当在非交叉路口处的行人道上拦出租车。

（4）机动车在行驶中要坐稳扶牢，头手不伸出窗外，不要与驾驶员闲谈或者有妨害驾驶员安全操作的行为。

（5）不能携带易燃、易爆等危险物品乘坐公共汽车、出租车、长途汽车和火车。

（6）乘坐大型客车时，上车后要注意察看安全门和安全锤存放的地方。

第二章　消防安全

火是人类赖以生存和发展的一种自然力，可以说，没有火的使用，就没有人类的进化和发展，也没有今天的物质文明和精神文明。当然，火和其他事物一样，也具有两面性，它在给人类带来文明和幸福的同时也会给人们带来巨大的灾难。比如，火一旦失去控制，超出有效范围内的燃烧，就会烧掉人类经过辛勤劳动创造的物质财富，甚至夺去人们的健康和生命，造成难以挽回和弥补的损失。

一、校园防火常识

（一）校园火灾的两大主要诱因

校园火灾主要有电路火灾和明火火灾两大诱因，最大的风险点在学生宿舍。电路火灾，主要是同学们违规使用电器，比如，热得快、电吹风、电热壶等，特别是电吹风，有的同学洗完头后轮流用电吹风吹头发，因为赶时间，吹完后只关闭电吹风上的开关，没有把插头拔下来就匆匆离开，由于长时间的使用，导致电吹风的温度很高，放在被子、箱子等易燃物品上，会出现达到着火点后燃烧的情况，从而发生火灾。明火火灾，有部分同学不遵守学校的规章制度，经常在宿舍抽烟，熄灯后使用蜡烛，都会引发火灾。

（二）如何防止校园火灾

（1）不私接电源、电线；

（2）不使用热得快、电吹风、电水壶等电器；

（3）不抽烟；

（4）不使用蜡烛；

（5）不焚烧杂物；

（6）不存放易燃易爆物品；

（7）人走关灯，察觉电线胶皮煳味，要及时报告。

二、灭火常识

（一）报警

1.可控制火情。

如发现火刚刚燃起，可用水迅速将其浇灭（非电路起火），并及时将情况报告给管理人员；如果是电路起火，不能用水，只能用寝室外的灭火器进行灭火，并第一时间报告管理人员关闭电源。

2.不可控制火情。

如果火势已无法控制，应迅速离开火场，然后边报告管理人员边拨打火警电话"119"，打电话时要讲清楚起火的详细地点、起火部位、着火物质、火势大小、报警人姓名及电话号码，并到路口迎候消防车。

（二）火场逃生注意事项

（1）遇到上述不可控制火情，一定要迅速离开火场，如果是在晚上，要喊醒同宿舍或周边已睡着的同学，让其赶紧离开。

（2）要树立时间就是生命、逃生第一的思想，切忌瞻前顾后，甚至离开后再次返回取物。

（3）逃生时必须冷静，认准安全出口，有序沿疏散指示标志逃出。

（4）在逃生时要防止烟雾进入口鼻腔而中毒，用水打湿衣服后捂住口鼻，一时找不到水，可用其他无害液体打湿衣服代替，并低姿行走或匍匐逃生，减少烟气对人体的危害，若烟雾高度允许，要尽量加快逃生速度。

第三章　防溺水

游泳是广大青少年喜爱的体育项目之一。然而，缺少安全防范意识，到没有安全保障的水库、河流、湖泊等地方游泳，极易发生溺水事故。近年来，溺水事故频发，在校园安全事故中，溺水事故死亡占 32% 左右，已经成为中小学生意外死亡的第一杀手，形势非常严峻。

一、如何预防溺水

（1）不要私自在海边、河边、湖边、江边、水库边、水沟边、池塘边玩耍、追逐、自拍，以防滑入水中。

（2）不要到江河、湖泊、水库、池塘等无任何安全保障措施的地方洗澡、游泳，中小学生到正规场所游泳也必须有家长的陪同并带好救生圈。

（3）外出钓鱼时，一定要选一个安全点落脚，因为钓鱼蹲在水边，水边的泥土、沙石长期被水浸泡会变得松散，生长苔藓，踩上去很容易滑入水中，即使不滑入水中也有被摔伤的危险。

（4）到水上公园游玩，不要私自划船，如果要选择划船或乘坐小船项目时，必须有专业救护人员带领，并在配备有救生设施设备的前提下才能乘坐。过程中不要在船上乱跑，不在船舷边洗手、洗脚，尤其是乘坐小船时不要摇晃，也不能超载，以免小船掀翻或下沉。

（5）如果不慎滑落水中，应吸足气，拍打水，大声呼救，岸上的人也要及时大声呼救。发现有人落水，不识水性不可盲目施救。如果旁边没有会游泳的人，赶紧找附近的长树枝、竹竿、草藤等，抛给落水者；也可用衣服、皮带，把它们系好后抛给落水者。如果有会游泳的人，下水施救时，不要让落水者正面朝自己，以免被缠住。

二、到正规游泳场馆游泳的注意事项

（1）如果不识水性，不要一个人去游泳，一定要去时，要有家人陪伴并使用游泳圈，同时提醒安全救护员时时关注自己。

（2）要关注自身的健康状况，如果平时四肢容易抽筋，不能到深水区游泳。

（3）下水前要先活动身体，并到浅水区用池子里的水淋湿身体，充分适应水温后再下水游泳。

（4）对自己的水性要有自知之明，不逞强，不在水中打闹，以免意外溺水。

（5）游泳过程中如果有头晕、心慌、气短等不适感，要立即上岸休息。

（6）酒后不下水洗澡、游泳。

三、溺水时的自救方法

（1）尽量让自己不要慌张，吸足气，拍打水，大声呼救。

（2）放松全身，让身体漂浮在水面上，将头部浮出水面，用脚踢水，防止体力透支，等待救援。

（3）身体下沉时，可将手掌向下压。

（4）如果在水中突然抽筋，又无法靠岸时，可深吸一口气潜入水中，伸直抽筋的那条腿，用手将脚趾向上扳，以解除抽筋。

四、岸上急救溺水者

（1）迅速清除溺水者口、鼻中的污泥、杂草、分泌物，保持呼吸道通畅，并拉出舌头，以避免堵塞呼吸道。

（2）及时将溺水者举起，使其俯卧在救护者肩上，腹部紧贴救护者肩部，头脚下垂，以使呼吸道内的积水自然流出。

（3）及时进行心肺复苏救助。

（4）尽快联系急救中心或送医救治。

第四章　食品安全

食品安全主要包括两个方面，一方面是指食品无毒、无害，符合应有的营养要求，对人体健康不造成任何急性、亚急性或者慢性危害。另一方面是指在加工、存储、销售等过程中应确保食品卫生及食用安全，降低疾病隐患，防范食物中毒。学校是人群聚集地，食品安全很重要，是对学校管理者的一种考验，学校的食品安全是"管"出来的，从学校的管理者到经营者，只要依法经营、严格管理，就一定能给师生提供一个安全健康的饮食环境。

一、选择安全的食品

（一）学校方面

（1）严禁学校食堂加工售卖野生菌、四季豆、新鲜黄花菜、发芽土豆、凉拌荤菜及不明来历的野菜。

（2）严禁学校食堂加工田螺、小龙虾、河豚、河蚌等高风险水产品。

（3）严禁学校食堂采购、储存、使用亚硝酸盐。

（二）个人方面

（1）在校内食堂用餐，不到校外不正规的摊点用餐，不到不正规的商店购买零食。

（2）蔬菜瓜果要浸泡洗净，食用生凉菜肴要讲究卫生，隔餐隔夜食物要回锅煮透。

（3）做到食用品的三要三不要。即生食、熟食要分开，药品、食品要分开，生、熟刀砧要分开。不要购买食用过期食品，不要食用变质食品，不要吃喝不洁净食品。

（4）不采食不熟悉的野菜、瓜果、野生菌。

二、发现食物中毒该怎么办

发现同学有食物中毒迹象，不要慌张，应该按照以下步骤应对。

（1）让其停止食用可疑食品，并将其封存起来，留后提供给相关部门人员进行查验；

（2）立即报告；

（3）帮助有中毒迹象的同学立即到医院就诊；

（4）积极配合学校及相关部门对事件进行调查处理。

三、食物中毒紧急处置方法

当病人有呕吐、腹泻、有运动障碍等食物中毒的典型症状时，应该按照以下步骤应对。

（1）为防止呕吐时引起窒息，应让病人侧卧，便于吐出；

（2）如有腹痛情况，可取仰睡姿势并将双膝弯曲，这样有助于缓解腹肌紧张，减轻疼痛；

（3）腹部盖上被子保暖，这有助于血液循环；

（4）如果出现脸色发青、冒冷汗、脉搏虚弱，要马上送医院，谨防休克症状；

（5）不要轻易给病人服用止疼、止泻药物，以免贻误病情；

（6）当病人出现抽搐、痉挛症状时，马上将病人送医院。

第五章 人身财产安全

人身安全包括人的生命、健康、人格、自由、名誉等方面的安全；财产安全包括金钱、物资、房屋、土地等物质财富安全。学生的人身财产保护途径主要有两种，一种是利用法律、法规和规章，依靠国家行政机关、司法机关、学校等职能部门的保护。另一种是培养人身财产安全的防范意识，学习基本的安全常识，依靠自己的力量对人身和财产进行不法侵害的预防和保护。

一、人身安全的防范

（一）公共场所拥挤踩踏事件的应对

（1）进入人员密集场所，应牢记应急出口、疏散通道的方位。在楼梯通道内，做到人多的时候不凑挤，特别是不追逐打闹、不起哄。

（2）上下楼梯时靠右行走，不要边走路边看书、玩手机。尽量避免到拥挤的人群中，要顺着人流走，不逆行，逆行容易被人流推倒。有楼梯扶手的地方尽量扶着走，遇到台阶时要控制好上下的节奏，防止摔倒。

（3）如果已经陷入拥挤的人群中，不要惊慌，一定要保持身体稳定，跟随着人流的行进速度和方向，稳步向前走，过程中双手紧握，双肘撑开，平放于胸前，使自己和前者形成一定的空间，确保呼吸通畅。如果鞋子被踩掉，不能弯腰去捡，弯腰容易被人流推倒，要随着人流先行有序离开，待人群走散后再回去捡。

（4）在拥挤的人群中，要时刻保持警惕，当发现人群开始骚动时，要做好保护自己和身边人的准备，发现有人摔倒，要立即停下，大声告知后面的人都停下，不要靠近。

（5）当我们不小心在人群中摔倒，要迅速站起来，如果人群太拥挤起不来时，要立即蜷缩身体，双手抱紧头部，保护好身体的脆弱部位。

（二）恐怖袭击的应对

（1）遇砍杀等恐怖袭击事件，最好的应对方式就是跑，切忌围观和停留。跑不掉就要想办法躲，躲不了，就要大声呼救，奋力反击，联合校园众人制服歹徒。

（2）遇劫持时要保持冷静，不要反抗，不对视，不对话，趴在地上，动作要缓慢，尽可能保留隐蔽自己的通信工具，及时静音，在不被发现的前提下用短信等方式报警。

（三）聚众闹事与械斗的预防与应对

1. 预防方法。

（1）遵守校纪校规，不酗酒，不出入酒吧、KTV 等娱乐性场所，不结交社会闲散人员，不惹是生非。

（2）妥善处理同学间的矛盾纠纷，处理不了的要第一时间报告，切勿邀约他人特别是社会闲散人员来帮助处理。

（3）遇事不参与、不围观，及时报告。

2. 应对措施。

（1）对于聚众、斗殴等事件，要果断拒绝别人的邀约，如果已在现场，要保持冷静。如果是朋友、同学，在事态可控的前提下要尽量进行劝解，避免事态扩大。

（2）如果事态已经不可控，要迅速远离聚众、斗殴现场，避免受到不法伤害。同时要第一时间报告。

二、财产安全

（一）防盗

1. 容易被偷窃的几种不良习惯。

（1）在食堂、公用教室、报告厅、图书馆拿包占座。有的同学习惯用包在食堂、公用教室、报告厅、图书馆等公共场所占座位，中途离开去办其他事情。

（2）贵重物品随意乱放。比如，将现金、手机、校园卡等贵重物品随意放在床上、枕头下、桌洞里。

（3）出门不随手关锁门。有的同学没有养成出门关锁门的习惯。

（4）随身携带大量现金。

（5）银行卡密码被他人知晓。

2. 确保银行卡安全的注意事项。

（1）保管好自己的银行卡密码，哪怕是最好的朋友也不能告知。

（2）如果使用手机银行，一定要设置多重密码，比如，手机屏幕密码、APP登录密码和支付密码，并注意密码的保密。

（3）在使用 ATM 机查询、取款时，要遮住操作过程，以防不法分子窥视。

（4）要妥善保存 ATM 机的取款回执，切忌随手乱丢，以免为不法分子克隆银行卡提供便利。

（5）银行卡和身份证不要放在一起，如果银行卡丢失、被盗要及时去银行挂失。

3.银行卡丢失后的处理方法。

银行卡丢失、被盗，应立即带有效证件到银行、储蓄所办理挂失手续，并报告保卫科。

（二）防骗

1.学生容易受骗的原因分析。

（1）防范意识淡薄，轻易相信他人。

（2）涉世不深，交友不慎。

（3）贪心、虚荣心作祟，贪图小便宜，相信"不劳而获"，导致上当受骗。俗话说得好"十骗九贪"，诈骗分子往往利用人们贪婪、虚荣、贪图便宜的心理，对受害者实施诈骗。

2.预防及被骗后的处理。

（1）提高防范意识，学会自我保护。要做到不贪图便宜，不轻信他人，不把自己的重要信息（身份证号码、电话号码、手机验证码、银行卡号及密码等）告诉他人。要坚信"有付出才有收获"的道理。

（2）交友要谨慎。真正的朋友应该是志同道合，真诚相待，遇到困难时能相互帮助、不离不弃的人。要牢记"近朱者赤、近墨者黑"和"交益友、立品行"的人生哲理。谨慎交友，看清身边的人。在和别人相处的过程中，要仔细观察、用心去留意细节，做到相互了解、知根知底，感受别人是否真心待你；同时要明白什么话可以说，什么话不能说，保护好自己的隐私。多交益友，互相帮助。交友过程中，一定要真诚，长久的真心的相互付出、相互帮助，才会收获好的友谊；同时要牢记"忠言逆耳利于行"。保护自己，不交损友。"损友"，顾名思义就是对自己有害的朋友。损友经常会为了自己的利益而不顾他人的感受，他们会在需要你的时候想到你，不需要你的时候把你抛在一边。

（3）遇事要多和同学、老师沟通，倾听他人的意见，寻求他人的帮助。在学习生活中如果遇到疑难事，自己又不知道该怎么处理，要多和同学商量，要向老师、家长报告，避免因自己的无知而上当受骗。

被骗后的处理。如果发现骗子正在行骗，要将其稳住，并马上向学校保卫科报告，也可直接拨打"110"报警。如果事后才发现被骗，不要不了了之，要尽早向学校保卫科报告，采取相应措施，从而避免更多的同学被骗。

（三）防抢劫、防滋扰

1.抢劫案的特点。

（1）不法分子大多选择行人稀少的夜晚、没有监控设施的偏僻地方、林荫小道、没有路灯的地方实施抢劫。

（2）被抢劫的对象大多是在深夜、僻静地方、林荫小道、没有路灯的地方单独行走的人员，在僻静地方谈恋爱也容易遭遇抢劫。

2. 避免抢劫及遭遇抢劫时的自我保护方法。

（1）严格遵守学校作息时间规定和一日常规管理办法，按时归校、回家，不要深夜还在外面闲逛。上下学期间、外出时要和同学结伴同行，不要走僻静的、没有路灯的小巷道、林荫小道。

（2）不出入酒吧、KTV 等营业性娱乐场所，不结交社会闲散人员。营业性娱乐场所鱼龙混杂，社会闲散人员较多，而学生比较单纯，往往会被他们结交成"朋友"，过后就成为他们抢劫的对象。

（3）遇到陌生人向自己寻求帮助，要提高警惕，理性进行思考和判断。比如，不要轻易给陌生人带路，有的不法分子以带路、借用电话为名对他人实施抢劫。

（4）不贪小便宜。有的不法分子会利用人们爱贪小便宜的心理，设圈套对他人实施抢劫。比如，故意在你面前拾到财物，以见者有份为名，约你到别的地方去分，你一旦上当，就将陷入不法分子的圈套中。

（5）尽量不接陌生人给的香烟，不喝陌生人给的水、饮料。有的不法分子将麻醉药放在香烟、水、饮料中，通过麻醉他人后实施抢劫。

（6）遇到暴力抢劫，要理智、冷静，不要激怒不法分子。实施暴力抢劫的不法分子，通常已失去理智，不达目的不罢休。这时我们一定要理智、冷静，要舍弃财物保自身安全，先把财物给他；不要当面拍照、打报警电话，这样容易激怒对方，用心记住对方相貌特征；在确保自身安全后要第一时间报警，并积极配合公安机关的调查处理工作，以便及时破案。

3. 社会人员对学生滋扰的常见表现形式。

滋扰是指对校园正常教学秩序的破坏扰乱，对学生无端挑衅、侵犯甚至伤害的行为。其表现形式通常有如下四种：

（1）一些无知、无所事事的青少年到校园周边闲逛，故意挑衅学生，有意扰乱校园秩序。

（2）同学间发生矛盾纠纷后，邀约社会闲散人员参与处理矛盾纠纷，甚至打架斗殴、报复性打架斗殴。

（3）在校外与学生发生矛盾，进而酿成冲突。

（4）通过各种途径与校内学生交往结识，发生矛盾纠纷后，对其进行打击报复。

4. 如何应对社会闲散人员寻衅滋事。

对于社会闲散人员的寻衅滋事，一方面，学校要组织力量进行有效防范和打击，并报告公安机关。另一方面，学生应当做好以下应对措施。

（1）懂得自尊自爱，不结交社会闲散人员，不惹是生非。

（2）遇到社会闲散人员的无端挑衅，要冷静，保持头脑清醒，注意自我保护，想办法离开现场。

（3）如果无端挑衅事态已经不可控，要迅速脱离现场，避免受到不法伤害。同时要第一时间报告学校或拨打"110"报警。

第六章 防 性 侵

性侵害是指违反他人意愿，对其做出与性有关的行为。包括以威胁、权力、暴力、金钱、甜言蜜语等引诱胁迫他人与其发生性关系的行为；未经他人明确同意或因缺乏同意能力而发生的性接触或性行为；也包括违反他人意愿的性暗示行为。近年来，校园性侵害事件频发，特别是未成年人遭受性侵害事件越来越多，防性侵教育刻不容缓。为帮助未成年学生远离性侵害，教育部《未成年人学校保护规定》（2021）指出，学校要树立以生命关怀为核心的教育理念，有针对性地开展青春期教育和性教育，使学生了解生理健康知识，提高防范性侵害、性骚扰的自我保护意识和能力。

一、哪些女性容易受到性侵害

有司法人士对性侵害案件进行过调查研究，发现陌生人作案的较少，相反是熟人、网友作案的占多数。综合现实生活中的案例，以下几类女性更容易遭受性侵害。

（1）思想轻浮、生活作风不良的女性。她们往往缺乏理性，"朋友"众多，关系复杂，大多有过性过错，容易被要挟。

（2）迷恋网聊、经常和网友约会的女性。随着手机网络的高速发展，网络交友平台越来越多。有些因感情受挫或现实生活不如意的女性，很容易沉迷于网络世界，网络中的"高富帅"让她们迷失方向，最终陷入对方的圈套，成为性侵害的对象。

（3）衣着暴露、化浓妆、孤身外出的女性。为了追求时尚，有的女性喜欢衣着暴露，化浓妆，这容易引发不法分子的临时起意、尾随，一旦落单，很容易受到侵害。

（4）喜欢和男性关系暧昧的女性。她们时常扎在男人堆里，喜欢交男性闺蜜，由于相互关系较暧昧，因此，对起异心的男性发出的暧昧信号不知道拒绝，最终导致被侵害。

（5）文静懦弱、胆小怕事的女性。不论在什么时候，懦弱者都是被挑事者首选的对象，文静懦弱的女生，也经常会被人挑逗，如果被挑逗的过程中，不敢严词喝止，就会给人以可乘之机。

（6）喜欢喝酒的女性。她们喜欢出入 KTV、酒吧等营业性娱乐场所，经常喝酒，容易被别有用心的人劝醉，这些人以喝酒起性为由，对其进行侵害。

（7）贪图钱财、追求享乐的女性。她们喜欢占便宜，经常让男同事、男性朋友买单、赠送礼物，时间一长，对方便会以此为要挟。

（8）过度迷信、崇拜他人的女性。过度、不理智崇拜"偶像"，自称"粉丝"，当遇到披着羊皮外衣的"偶像"时，就会陷入其圈套。

二、女生集体宿舍安全须知

（1）经常进行安全检查，发现门窗损坏，及时报告。

（2）就寝前，要关好门窗，天热时也不例外。

（3）夜间上卫生间，特别是室外公共卫生间，要邀约室友同行。如卫生间照明灯损坏或没有，要带上照明设备，上卫生间前要仔细观察里外情况。

（4）夜间有人敲门，要问清楚是谁并确定安全后再开门。若发现有人要撬门、砸窗闯入，全室同学要一起大声呼喊，把动静弄得越大越好，并想办法报告，同时寻找可供搏斗的工具，做好齐心协力反抗的准备。

（5）周末、节假日其他同学都回家了，独自一人住宿时，一定要关锁好门窗。

（6）当遇到不法分子时，要保持冷静，做到临危不惧，遇事不乱，注意利用手机等通信工具及时报告。

三、如何预防性侵害

（1）提高防范意识，不要轻易相信新结交的朋友，特别是网友，不要单独跟随新认识的人去陌生的地方。无论在什么情况下，尽量不和男性朋友独处一室，如因工作关系必须独处的，一定要敞开门窗，保持距离。

（2）陌生人问路，不要带路；向陌生人问路，不要让其带路；夜深或需要前往僻静地方时，不要独自搭乘陌生人的车辆，特别是网约车。

（3）平时在和他人的交往中要学会矜持，穿着大方，行为不轻佻，思想不轻浮，学会控制感情和坚持原则，不在外过夜。

（4）跟朋友、同学聚会要控制好环境和时间，最好有可信任的同伴相随，过程中如果没有女伴相随，尽量不饮酒，更不过量饮酒，始终保持清醒。

（5）不随便接受他人的特别馈赠和礼物。

（6）无论什么时候，对他人的过分言行举止，一定要表明自己的反对态度，坚持自己的原则和底线。

（7）若不幸受到不法侵害，不要瞻前顾后、思虑过多，要勇于揭发，让犯罪分子受到应得的法律制裁。

四、女性遭遇性骚扰时的防卫措施

因人的自然属性，在男女的力量对比中，女性终归属于弱势一方，容易遭到不法分子的骚扰、侵害。综合犯罪心理特征和实际的一些案例，提出如下防卫措施供参考。

（1）当不法分子有侵害意图时，要大声呼喊、呼救。俗话说"做贼心虚"，不法分子想要实施侵害行为时，其心里是虚的，这时你的大声呼喊、呼救，会使其心里慌乱，呼喊、呼救就有可能阻止不法分子的侵害行为。

（2）如果呼喊、呼救不起作用，那要尽快冷静下来，严厉告诫不法分子，他的行为将会产生怎样的严重后果。并让其想想父母、家庭，一旦做出侵害行为，他的父母从此将无人照顾、没脸见人。通过告诫和动之以情、晓之以理的引导，使其停止侵害行为。

（3）如果以上两个方法均不能使其停止侵害行为，那就和不法分子斗智斗勇。比如，假装同意配合对方，这时对方会放松对你的控制，趁其放下凶器、自脱衣裤时，借机逃离，或迅速攻击对方要害部位，使其丧失侵害能力后迅速逃离。要牢记，逃离后要第一时间报警。

以上无论哪种方法，都需要保持冷静才能有效应对。过程中尽量不去激怒对方，因为若遇到穷凶极恶之徒时，激怒对方可能会给自己带来性命之忧，就算无力防卫被侵害了，也不要当面采取拨打报警电话、拍照等措施，但要用心记住对方的体貌特征，事后第一时间报案并积极配合公安机关破案。

第七章　地震的避险与自救

地震是地壳快速释放能量过程中造成的振动，期间会产生地震波的一种自然现象。地球上板块与板块之间相互挤压碰撞，造成板块边沿及板块内部产生错动和破裂，是引起地震的主要原因。地震开始发生的地点称为震源，震源正上方的地面称为震中。破坏性地震的地面振动最烈处称为极震区，极震区往往也就是震中所在的地区。

地球每年大约会发生五百多万次大大小小的地震，轻微的地震人们一般感觉不到震感；较大的地震会有震感，但不会对建筑物造成损坏，不影响人们的正常生产和生活；大的地震会造成建筑物倒塌、滑坡、崩塌、地裂缝、海啸等，给人类带来极大的灾难和次生灾害。

"5·12汶川大地震"：2008年5月12日发生在四川汶川的8.0级大地震，此次地震严重破坏地区约50万平方千米，其中，重灾区共10个县（市），较重灾区共41个县（市），一般灾区共186个县（市）。截至2008年9月18日12时共造成69227人遇难，17923人失踪，374643人不同程度受伤，2000万人失去住所，受灾总人口4000多万人，最终造成直接经济损失8000多亿元，是中华人民共和国成立以来破坏性最强、波及范围最大、灾害损失最重的一次地震。经国务院批准，自2009年起，每年5月12日为全国"防灾减灾日"。

耿马澜沧大地震：1988年11月6日21时3分和21时15分，耿马县与沧源县交界处、澜沧县境内，先后发生7.6级和7.2级地震。耿马、沧源和澜沧三县的十几个乡镇受灾最重，共死亡738人，重伤3491人，轻伤977人，房屋倒塌41.2万间，严重损坏70.4万间。地震造成地裂缝、山体滑坡和土液化。地裂缝宽度达4~5米，最长的达几千米。滑坡体堵塞河道形成堰塞湖多处可见。公路路面产生鼓包、张裂或路基失效。长达10千米的国防公路路面被滚石掩埋，并覆盖了路过的汽车和行人。

如果有临震预报，可按官方通告，迅速离开建筑物到平坦空旷的地方进行避险。但多数情况下，地震是突然发生的，从发生地震到房屋倒塌，一般只有几十秒的时间，而且强震袭来时人往往站立不稳，这就要求我们必须在瞬间冷静地做出正确判断，才能尽量降低损失和伤害。

一、地震征兆

（1）地下水异常。室外井水、泉水水温、水位突然升高或降低，水质突然变清或浑浊，冒泡，变味，泉源突然枯竭或涌出等；室内自来水长时间浑浊、变味等。

（2）动物行动异常。地震前很多动物会出现异常，如牛、马、猪、狗等动物会表现出焦躁不安，嘶叫乱跑，赶不进圈；鼠类、青蛙等穴居动物则会大量涌出洞外，成群结队，四处迁徙逃窜；水中的动物会大规模跳出水面等。2008年5月9日，四川绵竹市西南镇檀木村就出现了数万只蛤蟆进行迁徙的奇怪现象，结果三天后一山之隔的汶川就发生了举世震惊的大地震。

（3）出现地声、地光现象。在地震发生前的瞬间，会先产生地声或地光，地面会微微震动，十几秒钟后强震才会来临，这些临震异常现象可以为我们避震争取一定的宝贵时间。

（4）地震云。大地震前天空会出现一条条黑白相间的奇特云，有白色、灰白、铁灰、橘黄等色泽。

二、地震的避险与自救

（一）为什么要先避险？

时间极短。地震发生时，从听到地声或看到地光，感觉有震动，到房屋破坏、倒塌，形成灾害，有十几秒，最多三十几秒的时间，这段极短的时间叫预警时间。由于时间极短，基本没机会逃离，因此须采取就近避险，震后迅速撤离的方法。

（二）为什么地震瞬间不宜疏散撤离？

（1）来不及跑到楼外，反倒会因楼道中的拥挤踩踏造成伤亡；

（2）地震时进入或离开建筑物，被砸到的可能性极大；

（3）地震时房屋剧烈摇晃，造成门窗变形，很可能打不开门窗而失去求生的时间，因此上课时要开前后门；

（4）地震时，人会被摇晃甚至抛甩，站立和跑动都十分困难，也很危险。

（三）室内避震

1.平房、楼房避震。

就近躲到坚实的家具、物体下，也可躲到墙角、柱子旁，梁下或整体性好的小跨度卫生间、储藏室和厨房等地方。在避险时用软的东西护住头和身体最好，尽量保护头部。避震时不能跳窗，不要到阳台上去。

2.高楼避震。

选柱子多、空间小的地方作为避震方位，最好找一个可形成三角空间的地方。如果有暖气可以蹲在暖气旁，暖气片的承载力较大、管道通气性能好，不容易造成人员窒息。逃生下楼要走安全通道，不可乘电梯。

需要注意的是，如果选择在卫生间、储藏室和厨房这样的小空间进行躲避时，要尽量避开炉具、煤气管道及易破碎的碗碟柜子。地震停下后，为防止余震伤人，不要跑回未倒塌的建筑物内。

（四）室外避震

（1）就近选择开阔地蹲下或趴下，以免摔倒，不要返回室内。

（2）尽量远离狭窄街道、高大建筑、玻璃幕墙建筑、高架桥、烟囱、水塔等场所。

（3）避开变压器、电线杆、路灯、广告牌等物体。

（五）自救

2022年湖南长沙"4·29"特大居民自建房倒塌事故中，有一个女孩在废墟下被困88个小时后成功获救。事后了解发现，该女孩能够成功获救，以下原因至关重要。客观原因：地震发生后，她没有被物体压住，身旁有半瓶水和一条能保暖的被子。主观原因：她具有很强的自救意识和丰富的自救常识，合理饮用仅有的半瓶水，每次只喝一小口，到获救时还有少量存余；合理使用已经没有信号的手机，用它来看时间，掌握自己被困的时长；合理向"外界"传递求救信号，当外面声音嘈杂时不盲目敲击物体求救，以保持体力，当有清晰搜救声音传来时，以敲击和呼喊求救。从此案例可以看出，当面临灾难时，自救意识和自救常识非常重要。

（1）若被压埋在废墟下，不能活动或只能适当活动时，要尽量控制自己的惊慌情绪，设法让自己冷静下来，并最大限度地完成自救或配合救援人员使自己获救。先设法清除头、口、鼻、胸部杂物，清除压在身上的物体，保持呼吸通畅；然后合理活动手、脚，尽可能保持体力；若受伤了，设法进行包扎，避免流血过多。

（2）若身体可以活动的空间比较大，要避开不结实的倒塌物和其他容易掉落的物体，并挪动周围的坚固物体，支撑住身体上方的重物；寻找和开辟通道，设法逃离险境，朝着有光亮、更安全宽敞的地方移动。

（3）这个过程都要设法保持冷静，控制情绪，不盲目大声呼喊；在确定近处有人时再呼救，或用硬物敲打，发出求救信号；如果身边有有限的饮用水，要合理饮用，做好长时间被困的最坏打算，如果没有水，要知道自己的尿液也可以续命。

三、积极参加学校组织的"地震避险"疏散演练活动

安全演练是我们增强安全防范意识，提高防范常识和技能，在面临突发事件时能合理、正确处置的最好方式，因此平时我们要积极参与学校组织的"地震避险"疏散演练活动，提高自身的安全防范意识和应急处置能力。演练过程中，当地震模拟信号发出时，同学们应双手抱头，以最快的速度躲在墙角或课桌下，用书护住头部；当发出撤离信号时，全体同学在指挥人员的指挥下，护头、弯腰、有序、靠右、冷静地按预先指定的疏散路线迅速撤离到避险区域。

第八章 防泥石流、洪涝、雷电等自然灾害

一、防泥石流灾害

泥石流是山区雨季常见的一种自然灾害现象，是由泥沙、石块、松散植物枝藤和水等混合组成的一种特殊流体。泥石流暴发时，浓稠的流体沿着山谷或坡面汹涌而下，往往在顷刻之间造成人员伤亡和财产损失，大型泥石流可能会吞没整个村庄，造成重大自然灾害。在山区，如果连降大雨，很容易暴发泥石流，我们应该掌握一些预防和躲避的常识，避免人员伤亡和财产损失。

（1）外出游玩时不要选择险峻的山谷，特别是雨季天；必须前往的，也不要在沟谷中长时间停留。

（2）暴发泥石流时，一般会产生很大的声响，当我们身处下游，一旦听到上游传来异常声响，要迅速向山谷、河床两边成垂直方向的山坡上撤离，撤离的速度要快，爬得越高越好。

（3）雨季天经过山谷时，要先观察，如果雨很大，山谷又比较险峻，最好先不要通过。山区降雨普遍具有局地性特点，山谷下游是晴天，但上游可能在下雨，所以在雨季的晴天，也要特别注意提防泥石流灾害。

（4）平时要多关注气象新闻，特别是出门的时候，应当多了解当地气象部门的预报或预警情况，它可以为我们防范泥石流灾害提供重要信息。

二、防洪灾害

洪灾是指长时间的大雨引起江河决口、山洪暴发，淹没农田、村庄、城镇及各种生产生活设施的灾难。我国是洪灾多发的国家，特别是母亲河黄河，在历史上决口平均每三年就会发生一次。新中国成立后，长江分别于 1954 年和 1998 年发生两次特大洪涝灾害，1954 年那次受灾面积达 2.4 亿亩，洪水淹没耕地 4700 余万亩，因灾死亡 33169 人。1998 年那场世纪末的大洪灾几乎席卷了大半个中国，共 29 个省（区）遭受了不同程度的洪涝灾害，因灾死亡 1432 人，直接经济损失近 1700 亿元。

（一）洪水的类型

洪水主要分为长时间大量降水引发的江河洪水、局部强降雨引发的山洪、溃

堤引发的洪水、雪山融雪性洪水等。

（二）应对洪水的措施

（1）平时要结合当地实际，完善防洪设施设备，同时要周期性对各种防洪设施设备进行检查和维护，保证防洪设施设备能正常运行和使用；要进行隐患排查，提前疏通居住地的排洪沟。

（2）当我们接到有关洪水预警警报时，应及时行动起来，认真检查防洪设施和防洪措施的落实情况，发现问题要及时整改。如果是特别严重的洪水预警，要做好提前转移屋内人员及贵重物品的准备。

（3）遭遇洪水时，要沉着冷静，以最快速度安全转移，转移时要先转移老幼病残人员，后其他人员，转移过程中要先保障人身安全再考虑财产安全。如果已经被洪水围困，要及时利用通信工具求救，没有通信工具的要想其他办法向外界发出求救信号，在等待救援过程中要主动采取自救措施，比如，寻找体积较大的漂浮物、尽量往高处转移等。

（4）洪水过后往往会发生传染病疫情，要注意做好疫情防控相关措施。

三、防雷电

雷电是云中电荷积聚到一定程度时的一种放电现象，具有很大的破坏性和伤害性。因此，在雷雨季，要特别注意防雷电。夏季时节是雷电的多发季节。

（一）户外避雷

（1）外出如遭遇雷雨天气，要尽快寻找可避雨的房屋、山洞避雨，如果没有，可以蹲下，尽量降低自己的高度，同时将双脚并拢，减少跨步电压带来的危害。因为雷击落地时，会沿着地表逐渐向四周释放电量。此时，行走中的人前脚和后脚之间就形成电位差，从而产生跨步电压。

（2）雷雨天气不要在大树底下避雨。因为下雨时，如果大树旁边没有更高的建筑物，那潮湿的树干就相当于一个引雷器，如果雷电恰好从旁边经过，就会顺着树干被引至地面。因此，在雷雨交加的时候，要离大树数米以外。

（3）在雷雨中不要手持金属物品，因为金属物品属于导体，特别是较长的金属物品，很容易起到引雷的作用。不要接听和拨打手机，因为手机的电磁波也会起到引雷作用。

（4）雷雨天气不要靠近或触碰金属钢架、防雷接地线、自来水管等可能因雷击而带电的物体，以防触电。

（5）在雷雨天外出时，最好穿胶鞋，这样可以起到绝缘作用。

（二）室内避雷

（1）雷雨前要关好门窗，防止雷电直击室内，不要倚靠门窗，更不要把头、手伸出窗外。

（2）打雷时在室内远离进户金属水管和与屋顶相连的金属下水管等。

（3）雷雨天气时，不要拨打、接听电话，或使用手机、电脑上网，应拔掉电源、电话线及电视馈线等可能将雷电引入的金属导线。科学稳妥的办法是事先要在电源线上安装电源避雷器并做好接地。

（4）平时晾晒衣服被褥等用的铁丝不要拉到窗户、门口，以防铁丝引雷。雷雨交加时不要到室外收取晾晒在铁丝上的衣物。

（5）不要站立在电器旁边，最好是断电或不使用电器。

第三篇

社会安全

第一章 　酗　酒

酗酒是指不加控制地过量饮酒，也指耍酒疯。酒精可以麻痹我们的神经，饮酒后，往往会导致我们在认知、行为、身体上出现障碍性影响，比如，话多、说话重复、声音大、行动迟缓等。如果饮酒过量，会使人们不同程度地降低甚至丧失自我控制能力，可能做出某些伤风败俗甚至违法犯罪的行为，具有一定的社会危害性。

现实生活中，有人能喝很多酒而不醉，有人不胜酒力，喝一点就醉，这是因为人体对酒精的分解代谢能力存在差异。人体对酒精的分解代谢，主要依靠肝脏中乙醇脱氢酶和乙醛脱氢酶，乙醇脱氢酶的作用是将酒精（乙醇）分解为乙醛，乙醛脱氢酶的作用则是将乙醛分解为乙酸，乙酸溶解后主要成分是二氧化碳和水，对人体没有危害；乙醛对人体是有害的，它会使人恶心想吐、昏迷等，所谓的"醉酒"其实就是乙醇或乙醛的作用。乙醇脱氢酶个体差异不大，但乙醛脱氢酶个体差异很大，大部分人的肝脏中都缺少这种酶，饮酒后乙醛很难被分解，因此容易醉酒。

一、学生饮酒的危害

（1）伤害身体。如果经常饮酒，特别是饮酒数量比较多，达到酗酒的程度，酒精对身体的肠、胃、肝、脑等重要器官都会造成严重影响，比如，酒精性肝炎、肝硬化等；同时酒精对睾丸的生精也有影响，会造成生育能力下降。

（2）荒废学业。酒精可以麻痹神经，经常饮酒会造成神经细胞的损伤而出现精神错乱等神志异常情况，从而影响甚至荒废学业。

（3）惹是生非，违纪违法甚至犯罪。大多数未成年学生的自我管理和控制能力较弱，在酒精的麻痹、刺激下，自制能力进一步下降，互相之间很容易引发矛盾纠纷，特别是之前就有矛盾纠纷的，酒后往往会促使双方矛盾激化，引发更大的矛盾纠纷和冲突，甚至发展成报复性群体性打架事件。

近年来，校内外学生打架斗殴事件频发，特别是中专学校，大部分打架事件都和酗酒有关。平时同学间的小矛盾小纠纷本来不是什么大事，可酒后就不一样了，在酒精的刺激下说话声音大了，相互之间的小矛盾小纠纷也被放大了，凡事都要论个对错，本来两个人很容易说清楚的事，酒后反而说不清楚了，越说不清人越多，最后就演变成严重的群体性打架事件。2013年9月16日，某中专学校学生曾某某和邻近学校学生黄某某因之前在交往过程中发生口角，当天下午黄某某约人多次对曾某某进行挑衅和殴打，双方矛盾激化，曾某某被打后邀约了一群社会上的"朋友"，先是在校外酗酒，酒后伙同社会上的"朋友"同黄某某一伙进行斗殴，因在酗酒过程中有预谋地准备了一把匕首，事件造成两人死亡，多人受伤。曾某某和他人发生矛盾纠纷自己已无力解决后，不但不报告老师和学校，反而严重违反学校规定外出酗酒并邀约社会人员参与聚众斗殴，造成了不可挽回的严重后果，给多个家庭造成了不幸，也毁了自己的一生。

二、饮酒的错误观念

（1）错误地认为"喝酒"是交友的最好沟通方式，甚至朋友之间的感情是用喝酒多少来衡量的，所谓的："感情深，一口闷"，别人不喝酒就是不给自己面子。事实上"酒肉之交"未必靠得住。

（2）错误地把自己或朋友的生日聚会办成在酒吧、KTV等娱乐场所的酒会，过程中为了自己或别人的生日"快乐"，大家要不醉不归。一方面，这样的行为严重违反了校纪校规和社会治安相关条例；另一方面，很容易惹是生非，滋生矛盾。

（3）错误地用喝酒来转移、宣泄自己的不良情绪，相信"一醉解千愁"，自我放纵、自暴自弃。

（4）错误地认为男子汉就应该要喝酒，在酒桌上要"舍命陪君子"，为了兄弟即便是醉也要喝下去，通过这种方式去博取他人的诚服、信任。

三、学生如何禁酒和预防酗酒

（1）作为学生应该把精力放在学习上，要严格遵守学校的各项规章制度，不结交社会闲杂人员，不出入营业性娱乐场所，不喝酒。

（2）偶尔的同学或朋友聚会应以学习、生活等方面的交流为主，在聚会上学会以饮料、茶水作陪，形成不喝酒是遵规守纪的具体表现和一项个人权利的共识。

（3）不参与在酒吧、KTV等营业性娱乐场所以喝酒为目的的生日聚会；如果自己想要过生日，应当在宿舍以吃蛋糕、喝饮料的方式庆祝，尽量不邀约同宿舍以外的其他人员，特别不得邀约校外人员进入。

（4）践行从学校的"约束式"管理成长向自我教育、自我管理、自我改进、自我提高的"内生式"成长转变。

第二章　赌　博

赌博是一种利用斗纸牌、掷色子、组麻将等形式，用钱财下注，以营利为目的的一种斗技术游戏。但在真正的赌场上，这种所谓的斗技术其实就是一种骗术，即"千术"。曾经凭借高超"千术"风云赌坛，赢得上亿身家的"亚洲赌王"尧建云，最后因为千术败露，被人废掉了双腿和三根手指，沦为残废，妻离子散，非常悲惨。之后他痛改前非，在电视节目上破解千术内幕，利用自己惨痛的经历，现身说法，劝诫人们远离赌博，成为中国第一个反赌的公益人士。

随着互联网及手机网络的普及，网络赌博随之盛行，由于国外一些犯罪组织的操控，近年来网络赌博正在我国蔓延，网络赌博因不需要进行现金交易，因此具有更强的诱惑力。

一、学生赌博的危害

（1）赌博就和吸毒一样，容易上瘾，容易扭曲青少年学生的人生观、价值观。赢的时候，你会觉得来钱快，不用再和父母要钱，甚至想靠赌来发家致富。输的时候，总是给自己找很多为什么会输的理由，总想着要把它赢回来。当然，结果只会是越赌越输，最后欠下一身赌债，害了自己，也害了家人。

（2）只要染上赌瘾，就很难将精力放在学习上，严重影响学习，还可能导致留级，甚至辍学。

（3）赌博容易引发债务纠纷，影响同学间、家庭之间的和谐，甚至会诱发各种违法犯罪，危害社会治安。

二、如何防范并远离赌博

（1）养成遵规守纪的良好习惯。很少有人一开始就想着去违法，往往都是因为不自律，从违纪开始，然后觉得违纪也没有什么，慢慢地开始放纵自己，最终走上了违法犯罪的道路。所以作为一名学生，要从自觉遵守校纪、校规开始，懂得"不以规矩，不成方圆"的道理，养成遵纪守法的良好习惯。

（2）清楚认识赌博的危害，远离赌博。赌博具有欺骗性和危害性，是违法犯罪行为，思想上一定要提高警惕，不能因为同学间碍及面子而参加赌博，发现身边有同学参与赌博，要及时制止，或者及时向学校老师报告。课余时间多参加健康积极的文体活动，充实自己的业余生活。

（3）防微杜渐，分清娱乐和赌博的本质区别。不要觉得"小赌娱情"，随便玩玩没事，很多都是从"娱乐"开始的，结果越"娱乐"瘾越大，最后成为戒不掉瘾的赌徒。

（4）正确认识网络博彩也是赌博行为，参与网络博彩也是违法犯罪行为。网络博彩因为加入了很多人们关注、感兴趣的元素，比如：足球、赛马等体育竞技比赛，所以近年来越来越多喜欢体育赛事的青少年学生陷入了网络赌博的泥塘。

第三章 吸　毒

吸毒即吸食鸦片、海洛因、冰毒、可卡因、大麻等毒品，是一种违法犯罪行为。持续吸毒很容易使人上瘾，上瘾后要戒毒很难，它将严重影响人体健康和家庭和谐，危害极大。

一、什么是毒品

根据《中华人民共和国刑法》第357条规定，毒品是指鸦片、海洛因、甲基苯丙胺（冰毒）、吗啡、大麻、可卡因以及国家规定管制的其他能够使人形成瘾癖的麻醉药品和精神药品。《麻醉药品及精神药品品种目录》中列明了121种麻醉药品和130种精神药品。毒品通常分为麻醉药品和精神药品两大类。其中最常见的主要是麻醉药品类中的大麻类、鸦片类和可卡因类。

近年来，市场上流出很多新型毒品，比如："LSD"卡通贴纸型、无色无味的迷奸药物"开心水"、类似于K粉的"奶茶"等等，防不胜防，对未成年学生危害极大。

二、吸毒的危害

（一）对个人的危害

1. 摧残身体。

吸毒成瘾后，毒品会破坏人体的正常生理机能和新陈代谢，导致机体免疫力下降，慢慢地引发综合性疾病。过程中如果吸食过量会造成突然死亡。

2. 丧失尊严。

吸毒成瘾者，当毒瘾发作时，往往没有理性，不知廉耻，只要能"吸上一口"，做什么事都可以。

3. 容易感染病毒。

吸毒者因为自身免疫系统遭到严重破坏，很容易感染肝炎、皮肤疾病等，特别是通过共用注射毒品的器具很容易传染艾滋病。

（二）对家庭的危害

1. 倾家荡产，家破人亡。

一旦吸毒成瘾后，要戒毒非常难，特别是对于意志力不强的人，只要毒瘾发作，就只有继续吸食，最终导致倾家荡产，家破人亡。

2. 影响后代。

吸毒者不光影响自身健康，还影响其生育能力，造成后代身体发育不全等严重后果。

（三）对社会的危害

1. 影响社会风气。

吸毒者往往丧失人格、自私、冷漠，没有正常人应有的是非观、道德观，严重影响社会风气。

2. 影响社会稳定。

吸毒者因为吸毒倾家荡产后，往往会铤而走险，以贩养吸，或者进行抢劫、偷盗、卖淫、绑架、杀人等违法犯罪活动，严重影响社会治安。

三、毒品的预防及应对

（1）树立正确的人生观和价值观，培养健康人格。一个人行为导向主要源自他的意识观念，存在不端的行为，就因为不正的意识观念。一个孩子的成长，父母的三观及家庭成长、教育环境尤其重要，三观扭曲的孩子往往是不良家庭环境造成的。

（2）提高思想认识，远离毒品，珍爱生命。多参加毒品基本知识和禁毒法律知识学习，了解毒品的危害，不要听信摇头丸、麻黄素、K 粉等非毒品不会上瘾的错误说法。

（3）认真学习，建立学习目标和人生理想。学生的主要任务是学习，要把精力放在学习上，为了自己的目标和人生理想努力奋斗。

（4）交友谨慎，尽量不结交社会上不三不四的闲散人员，不盲目追求享受、寻求刺激，未成年学生不出入 KTV、酒吧、游戏室等娱乐场所。

第四章 防传销陷阱

　　传销是指组织者或经营者，通过对被发展人员，以其直接或间接发展的人员数量或销售业绩为依据，计算和给付报酬，或要求被发展人员以交纳一定费用为条件，取得加入资格等方式，牟取非法利益，扰乱经济秩序，影响社会稳定的行为。主要包括"拉人头"传销、骗取入门费的传销和团队计酬式传销三种形式。被骗参与传销者多为农民、下岗或无业人员、城市退休职工及刚毕业的大中专学生，近年来在校学生被骗参与传销的情况也日益突出。

　　传销主要手法是"杀亲杀熟"，欺骗拉拢自己的亲属、朋友、同学、同事、邻居等加入传销活动，上线发展下线，一层一层欺骗拉拢别人参与，呈金字塔形地向下放射发展扩大。组织者在传销中以介绍工作、从事经营活动、创业等名义欺骗他人离开居所地非法聚集，对参与人员反复"洗脑"，进行精神控制，甚至限制人身自由，成为传销的牺牲品。

案例 1　　2007 年 7 月某日，某中专学校李某和郭某参加毕业聚会，过程中听班上在昆明实习的刘某说他在昆明实习的公司很好，供吃住工资 3500 元起，并且老板对员工很好。听了刘某的话后李某和郭某很是心动，聚会结束第二天就随刘某去了昆明，到了公司后以用工规定为名要求先交 3600 元保证金，之后天天听"老师"讲课，手机统一交公司保管，李某和郭某这才意识到上当了，就连人身自由都被控制。后来两人假装发生冲突打了起来，过程中趁对方不备才逃离了公司。

案例 2　　社会自由职业者肖某，2014 年 2 月某日，在老家遇到多年未见的朋友王某，两人一聊就是几个小时，后来肖某得知王某已将老家的房子卖了进行创业，地点是广西南宁，项目是国家非公开开发项目，主要运作模式是通过各种渠道拉拢资金进行入股，对方告诉肖某他已经做了近一年了，自己入股加上介绍别人入股近 80 万元（其中自己入股 20 万元），如果他现在就选择离开公司自己创业，公司将针对性对他进行培训，并提供

50 万元创业资金。肖某听后想想自己这么多年一直一事无成，很是伤感，决定和王某一起去南宁，到南宁后肖某发现公司里甚至有国家公职人员，大家都在为自己未来的创业梦而奋斗，甚是兴奋，一个月内将自己之前所有积蓄加上和朋友借的近 6 万元资金全部入了股。为了提高业绩，后来肖某回到云南老家打算通过农村小额信贷政策进行贷款，被家人发现后告诉他这是传销，让他马上收手，可他已经被"洗脑"，完全听不进去别人的劝说，家人没办法只好将肖某强行留下，当时肖某一直责怪家人断了他的"创业路"。直到 2015 年 5 月，这个搞所谓的"国家非公开开发项目"的传销组织被公安机关捣毁后，肖某方才醒悟，庆幸当时家人及时发现阻止了他，避免了更大的损失。

一、传销组织的常见手段

1. 传统型传销。

如上述案例一，不法分子抓住学生急于寻找工作的心理，以高工资为诱饵进行欺骗，然后限制其人身自由，以上课、感情交流等方式进行思想控制，洗脑后，学生被传销组织提出的平等、互爱等虚拟的东西所迷惑，对传销暴富神话产生浓厚兴趣，急于想改变自身现状。

2. 新型传销。

如上述案例二，不法分子以"国家某某重点开发项目"为依托，以虚假的"国家或地方某某重要领导讲话"为幌子，甚至这些组织表面上还具有很大的实体"产业"，让受害者主动参与构筑虚幻的"创业梦"。新型传销不限制其人身自由，以洗脑为根本，受害者被洗脑后为了自己的"创业发财梦"自主参与其中，很难被唤醒，社会危害很大。

二、传销的危害

（一）对家庭的危害

（1）严重影响家庭经济，有的倾家荡产，甚至还殃及亲戚朋友。无论什么类型的传销，一是要入股，入得越多，在公司的"地位"和以后的"分红"就越多，所以一旦加入，就会将家里所有积蓄都投入进去，有的还会通过亲戚、朋友去借，甚至贷款、卖房。二是拉"人头"，就是发展下线，发展的下线越多，"分红"就越多，这是传销最主要的组织和发展模式。

（2）影响家庭和睦，有的甚至妻离子散。传销组织有一套非常严密的培训制度，他们所培训内容具有很强的煽动性和负面性，往往以社会上存在的一些负面现实作为切入点，再加上人性贪婪的弱点，对于那些在工作或生活中不如意的人来说，非常容易被"洗脑"，这些被"洗脑"的人很难再回归正常工作和生活，严重影响家庭和睦。

（二）对社会的危害

1.扰乱社会经济秩序。

传销的本质是通过入股或发展下线来实现资本聚集或者转移，并不会创造社会价值，所以会扰乱社会经济正常秩序，给国家经济发展带来一定影响。

2.影响社会安定团结。

家庭的不和谐会引发很多社会性问题，比如经济纠纷、民事、刑事案件等，影响社会安定和谐。

三、传销的辨识

《禁止传销条例》第七条中明确指出，凡有下列行为均属于传销。

（1）组织者或者经营者通过发展人员，要求被发展人员发展其他人员加入，对发展的人员以其直接或者间接滚动发展的人员数量为依据计算和给付报酬（包括物质奖励和其他经济利益，下同），牟取非法利益的。

（2）组织者或者经营者通过发展人员，要求被发展人员交纳费用或者以认购商品等方式变相交纳费用，取得加入或者发展其他人员加入的资格，牟取非法利益的。

（3）组织者或者经营者通过发展人员，要求被发展人员发展其他人员加入，形成上下线关系，并以下线的销售业绩为依据计算和给付上线报酬，牟取非法利益的。

四、防就业陷阱

（一）传销陷阱

（1）合理评估自己，充分了解就业形势。毕业前夕，要综合自己所学专业、自身特长及当前就业形势做一个综合评估。不好高骛远，不爱慕虚荣，不信奉能遇"贵人"，不信奉一夜致富。

（2）就业时尽量通过人才市场、大中专学生供需见面会等正规渠道进行双向选择。学校都希望自己的学生人尽其才，才尽其用，把他们送上最适宜、最需要的工作岗位，所以学校或相关机构通常会在学生毕业前夕组织人才供需见面会。

（二）薪酬陷阱

一些招聘公司或个人在招聘过程中对于薪酬往往会给出一些含糊的数字，然后在月底兑付工资时却以你没完成工作任务或工作失误为由，无理地扣除你的部分薪酬。

（三）抵押陷阱

那些不正规的"公司"在招聘过程中往往以便于管理为由向求职者收取押金或抵押身份证等，之后以此来设法限制求职者。

（四）皮包公司

皮包公司就是没有固定资产、没有固定经营地点及定额人员，只提着皮包，从事社会经济活动的人或集体，也叫皮包商，他们所谓的公司只是一个空壳，他们所从事的其实就是"空手套白狼"。应聘时要通过网络、亲友、同行业等各种渠道多了解单位或企业情况，诸如单位的状况、将要从事工作的性质等，可通过学校有关部门了解，有条件的也可以亲自登门，实地考察、了解，这样除了防止受骗外，还便于在和用人单位签订合同时，使自己更加主动，防止以后发生一些民事纠纷。

（五）女学生就业陷阱

女学生就业时要加强防范意识，着装应尽量职业化，警惕老板的过分亲热、过多表扬，甚至请吃饭；不轻易答应别人送自己回家，公众场合尽量不喝酒。

在求职过程中一旦遇到麻烦，一定要用法律武器来保护自己，立即向学校相关部门反映，或直接到当地公安机关报警，并注意保留证据，提供有关线索，协助调查，这样才能使损失降到最小。

第五章　防邪教

邪教是指利用宗教、气功、身体"特异功能"等名义，鼓吹甚至神化首领，以传播宗教教义、拯救人类之痛苦等为幌子，制造并散布迷信邪说，以此来蛊惑、蒙骗他人，危害社会的非法组织。

一、邪教组织的基本特征

1. 有一个具有超能力的教主。

一般邪教组织都有一个教主，该教主具有超越自然的特异功能或能力，信徒们都膜拜他为"神"一般的偶像。

2. 以救苦救难为幌子，散布迷信邪说。

比如："法轮功"邪教组织，宣称只要肚中练成"法轮"，人就不会饥饿，更不会生病，从此不用再下地干活，不用因疾病而四处求医等荒唐邪说。

3. 以"地下"秘密结社的形式组织并控制信徒。

邪教组织是非法组织，所以他们的活动都见不了光，只能秘密进行组织。

4. 通过蛊惑、蒙骗等手段骗财骗色。

比如邪教组织"华藏宗门"，其教主吴泽衡将自己塑造成一个具有神奇色彩的少林传人，打着传教修行、做善事等名义行骗，通过售卖"法器"等方式大肆敛财。同时，他还鼓吹"男女双修"，以此来诱奸他人。

二、邪教组织的危害

1. 政治反动，危害国家基层政权。

邪教组织往往利用人们对一些社会问题的不满，制造人民内部矛盾，来煽动人们对党和政府的反动。

2. 宣扬"不吃不医"，严重危害群众生产、生活和身心健康。

邪教组织宣称："只要用心跟随教主修炼，只要虔诚祷告，不会饥饿不会生病，就算病了也不用打针吃药，自然会好"，导致信徒们因长期禁食或生病不求医而伤残或死亡。

3.鼓吹"世界末日"论，制造恐慌。

鼓吹"世界末日"将至，只有"神"才能救。比如邪教组织"门徒会"，宣扬"末世论""吃生命粮"等荒唐邪说，宣称信教后每人每天只需要吃二两粮，不用再种庄稼，吃光花尽后等待"洪水灭世"，从而自然"升天"。

4.从事违法犯罪活动，危害社会稳定。

邪教在发展组织过程中，通常会采用拘禁、绑架、色诱、恐吓甚至杀人等手段控制成员，严重危害社会稳定。

三、如何防范邪教组织

1.要清醒认识邪教不是宗教。

宗教是世界文明的重要组成部分，它与人类文明同步，世界上每一个国家和民族，都有其不同的宗教存在，不同的宗教反映了不同的社会文化。目前，我国主要存在五大宗教：佛教、基督教、道教、伊斯兰教、天主教，它们都有悠久的历史。

2.要相信科学，自觉抵制迷信。

经过多年的受教育和学习，凡事自己要有理性判断，要具有一定的是非判断能力，不相信迷信，不簇拥歪理邪说。

3.正确对待挫折，不受社会负面因素影响。

人的一生不可能一帆风顺，总会遇到各种挫折，这是很正常的事，要正确去面对。邪教组织人员通常会利用社会不公或人们受挫后的不良心态做文章，去煽动人们反动政府和社会，作为新时代的青年学生，在这些大是大非面前一定要有一个清醒的认识。

4.面对邪教要坚决抵制。

一是不信、不传邪教的任何言论；二是当我们遇到邪教组织的非法活动时，要果断拒绝参与，情况严重的要及时报告老师或报警。

第四篇

电信网络诈骗和信息安全

第一章　网络陷阱

随着网络及社会信息化高速发展，人们的生活、工作越来越便利，购物不用出门，支付不用现金，存取款不用到银行，可以说手机网络完全改变了人们的生产和生活方式。但凡事都有两面性，在人们生活和工作便利的同时，也伴随着很多财产甚至人身安全隐患，比如购物陷阱、交友陷阱、求职陷阱、链接陷阱等。

一、上网聊天交友应注意哪些问题

在网络这个虚拟世界里，一个现实的人可以以多种身份出现，也可以以不同面貌出现，善良与丑恶往往结伴而行，要提高警惕，不要轻易相信他人。

（1）学生上网聊天主要应以学习交流为主，若是和陌生人聊天或上网交友时，要清醒认识到网络就是一个虚拟世界，可能大家都戴着假面具，所以要尽量避免使用真实姓名，不轻易告诉对方自己的电话号码、住址等个人重要信息。

（2）不随便与网友见面。许多大中专学生与异性网友交流一段时间后，感情迅速升温，不但交换真实姓名、电话号码，而且还有一种强烈见面的欲望。不法分子就是抓住学生这种单纯、防范意识淡薄等特点，实施诈骗。

（3）与网友见面时，要有自己信任的同学或朋友陪伴，尽量不要一个人赴约，约会的地点尽量选择在人员较多的公共场所，时间尽量选择在白天，不要选择偏僻、隐蔽的场所，见面的整个过程自己要能够掌控局面。

（4）警惕色情聊天及反动宣传。聊天平台里人群复杂，其中不乏好色之徒，言语间充满挑逗，或在聊天过程中散布色情信息，也有一些组织或个人利用聊天室进行各种反动信息的宣传，如果遇到此类情况应立即退出。

（5）未经政府职能部门审核的社会性事件信息，不妄加评论和转发，更不要凭空捏造后发布。

二、浏览网页时应注意哪些问题

浏览网页是上网最常见的操作，通过对各个网站的浏览，可以掌握大量新闻时事或各领域知识等信息，以此来提高和丰富自己，但如果不注意也会遇到一些尴尬甚至不安全的情况。

（1）浏览网页尽量选择知名合法网站，不合法网站往往就是黄、赌、诈骗等违法犯罪的宣传媒介。

（2）不浏览色情网站。大多数的国家都把色情网站列为非法网站，因为长期浏览色情网站，会给人们的身心健康造成不良影响。

（3）浏览 BBS 等虚拟社区时，尽量不要发表言论，避免自己 IP 地址泄露，受到他人的攻击。

三、网络购物时应注意哪些问题

（1）不贪便宜，购物要选择合法、信誉度较高的知名网站进行交易，过程中防止个人账号、密码遗失或被盗，造成不必要的损失。

（2）虚拟社区、BBS 里面的销售广告，只能作为一个参考，不盲目相信。

（3）不与身份资料不齐全的电子商家进行交易，也不和信誉度较低的电子商家进行交易，对于不熟悉的电子商家，可通过查寻其信誉度等基本信息来进行判断。

（4）若电子商家所提供的产品与市场价格相差很大或明显不合理时，不要贸然购买，要通过客服进行确认，谨防上当受骗。

（5）如果是大宗交易，最好将交易记录打印或留存，并妥善保存交易记录，以备不时之需。

四、如何避免遭遇网络陷阱

在网络这个虚拟世界里，一些非法网站或个人为达到某种非法目的，往往会不择手段，通过各种渠道套取网民的重要信息资料，比如银行账号、密码、身份证号、手机验证码等，实施诈骗。

（1）不要轻易相信互联网上诸如微信、QQ、E-mail 等发送的幸运中奖之类的信息，这是不法网站套取他人重要信息资料的一种手段。

（2）不要使用需要输入个人重要信息资料，用于测试情商、智商等之类的测试软件，这类软件往往就是一个网络陷阱。

（3）不要轻易用自己的身份证号码、手机号码在网上进行注册。

（4）无论是就业还是自主创业，要脚踏实地，一步一个脚印，不相信网上那些快速致富"经"。网上有很多比如"快速赚钱""在家赚钱"等致富经，很具有诱惑性，特别是刚毕业的大中专学生，他们正准备就业或创业，缺乏社会经验，很容易受骗。

第二章　电信诈骗

电信诈骗是指通过电话、网络和短信方式，编造虚假信息，设置骗局，对受害人实施远程、非接触式诈骗，诱使受害人打款或转账的犯罪行为。通常以冒充他人及仿冒、伪造各种合法外衣的方式达到欺骗的目的，如冒充公检法等国家机关、商家客服、银行等各类机构工作人员，伪造和冒充办案、招工、贷款、中奖通知、婚恋介绍等形式实施诈骗。

一、电信诈骗的特点

（1）诈骗分子往往利用人们趋利、贪心、虚荣等心理，通过编造虚假的电话或短信，对受害群众实施非接触式的远程诈骗。

（2）诈骗分子不是一个人，而是一个组织严密的团伙。从诈骗理由的编造到最后取走骗到的资金，每一个环节都由一个分工非常明确的角色扮演。有的专门负责购买手机，有的专门负责开银行账户，有的负责拨打电话，有的负责转账，角色分工很细，而且往往是下一流程不知道上一个流程的情况，给公安机关断案带来很大困难。

（3）诈骗手段更新速度快，骗术高明，令人防不胜防。

二、电信诈骗的常见手段

（一）冒充公检法或银行工作人员

以办案、银行卡涉案等为由实施诈骗。

1. 主要手段。

先是来电自称公检法或银行工作人员，能准确说出你的相关重要信息，然后告知你银行卡资金涉嫌违法犯罪，让你主动联系公安机关，或直接将电话转接至公安机关，"办案民警"会在电话中告诉你事情很严重，如果你确实不知道这个事，想要证明自己的清白，最好的办法就是积极配合公安机关，按照他们的要求去做，才能摆脱嫌疑并保证银行卡里资金的安全。最后让你将所涉及的资金转移到他们指定的"安全账户"，完成诈骗。

2. 防范要点。

近年来，不少知识分子（甚至有大学教授）遭遇此种手段的诈骗，损失惨重，为了防止遭到诈骗，请牢记以下几个要点：

（1）公安机关不会用电话就把案子办了。

（2）公安机关不存在什么"安全账户"。

（3）接到此类电话一律挂掉。

（二）网购诈骗

1. 主要手段。

来电自称是电子商家支付平台后台技术员，以系统有异常为由，告诉你暂时无法正常支付。一段时间后告诉你系统已经修复，但需要对你的信息重新进行验证，随之会通过聊天软件或短信发给你一个链接，要求你输入银行账号、密码等重要信息。过程中还会以各种理由要你的验证码。

2. 防范要点。

（1）网购要选知名正规商家。

（2）不随意点外部链接，商家支付平台后台维修不需要用户输入个人重要信息。

（3）保管好自己的各种验证码，不能给任何陌生人。

（三）以招聘为幌子实施诈骗

1. 主要手段。

诈骗团伙先是会在网上发布各种招聘信息，然后将留下信息的应聘者拉进微信群进行群聊，让其感受一些关于公司"文化"之类的，接下来是以注册费、会员费等各种名目要求缴费，实施诈骗。

2. 防范要点。

（1）网上找工作一定要到正规的招聘网站。

（2）不要听信刷单兼职。

（3）正规招聘网站不需要交注册、会员等之类费用。

（四）冒充朋友、老师以车祸、重病为由对亲人实施诈骗

1. 主要手段。

首先是通过电话或短信，自称你孩子的老师或朋友；然后以你孩子受伤、生病或其他突发状况为由，为了不耽误治疗，要求赶紧把钱打到指定账户，实施诈骗。可怜天下父母心，一般情况下，父母接到这样的电话，往往会方寸大乱，完全陷入诈骗分子圈套。

2. 防范要点。

（1）平时要将班主任的电话留给父母保存，还可以将同宿舍比较可靠舍友的联系电话预留给父母，以备不时之需。

（2）要告诉我们的父母，如果我们在学校受伤或生病，学校老师会第一时间告知，情况严重还会让其尽快到学校处理，但不会一开口就要求打钱到什么账户。

三、大中专学生容易上当受骗的原因

1. 涉世不深，防范意识淡薄。

大中专学生大多思想比较单纯，不知人心险恶，容易相信他人，对自己支付账号及密码、身份证号码、手机验证码等重要信息的管控意识不强。

2. 贪图小利，爱慕虚荣，导致上当受骗。

俗话说："十骗九贪"，就是说被骗的人多半是因为贪心，人的贪婪之心一旦作祟，防范心理就会减弱，侥幸心理占据主导作用。再者就是当下的大中专学生消费意识很强，有的甚至不考虑家庭经济条件，爱慕虚荣，在同学间互相攀比，比如：穿名牌，经常大吃大喝等。这样一来，父母定额给的生活费就不够用，他们就会通过网上兼职、刷单兼职甚至网贷来补充消费，过程中又缺乏辨别能力，所以容易受骗。

四、预防电信诈骗要做到七个"凡是"

（1）凡是谈到银行卡或先汇钱之类的电话一律挂掉。

（2）凡是通知"中奖"要求交保证金的电话一律挂掉。

（3）凡是自称公检法要求汇款到"安全账户"的电话一律挂掉。

（4）凡是陌生短信，要求点击链接的一律删掉。

（5）凡是陌生人的微信链接一律不点。

（6）凡是通知"家属"出事要求汇款的电话一律挂掉。

（7）凡是索要验证码、身份证号、银行卡等信息的电话一律挂掉。

第三章 信息安全

信息安全包括的范围很广，本章主要阐述青少年学生对不良信息的浏览、个人信息的泄露、发布不实信息或对不实信息转发等方面问题。

一、不良网络信息

随着互联网络的产生，就伴随着一些不良的信息，一开始主要以博取他人眼球为主要目的，但是随着互联网的不断发展，人们的生活、工作和娱乐已经离不开网络时，不良信息也随之发生了很大的变化，特别是近几年，不良信息开始从单纯地以"引关注"为目的向以"谋利"为目的转变，而且手段多样、形式复杂，其中不乏很多违反人文道德和法律法规的不良信息。

（一）不良网络信息的主要特点

1. 具有很强的诱惑性。

此类信息往往很具有诱惑力，多以明星照片、成人信息、免费下载等为诱饵，吸引网民点击进入。

2. 具有攻击破坏性。

此类信息的网页中往往暗含木马、病毒、插件等恶意程序，一旦对此类信息进行浏览，对访问者电脑及数据将会构成安全威胁。

（二）防范措施

（1）不上不正规的网站，不点击无关的带有诱惑性链接，避免受到木马、病毒、插件等恶意程序的攻击。

（2）树立正确的人生观和价值观，在互联网这个知识海洋里学会"筛选"和"过滤"。

二、信息的发布和转发

每天我们都处在信息的海洋中，除了浏览外，有时我们还会参与一些信息的发布或转发，特别是微信朋友圈，"发一条朋友圈"已经成为很多人每天习惯性的动作。然而，一些不恰当信息的发布或转发，会给自己或单位带来麻烦，甚至陷入违法犯罪的泥潭。2013年8月10日下午，网络名人社会责任论坛在央视新址举行，论坛就如何在互联网上发挥作用，传递正能量、抵制谣言、构建健康的网络环境进行讨论，并提出网友应当遵守的七条原则。

（1）遵守法律法规底线的原则。互联网虽然是一个虚拟空间，但我们也要遵守国家的法律法规，做到文明上网，理性发声。

（2）遵守社会主义制度底线的原则。我国是社会主义国家，中国特色社会主义制度是我们的根本社会制度，我们要切实增强制度自信、理论自信、文化自信和道路自信。

（3）遵守国家利益底线的原则。爱国是最基本的信仰，国家利益高于一切。对于那些以民主、自由的外衣试图颠覆政权的行为，要与之作坚决的斗争。

（4）遵守公民合法权益底线的原则。每个公民都有自己的合法权益，互联网也不例外，我们要尊重和保护公民的各项合法权益，反对侵害公民合法权益的行为。

（5）遵守社会公共秩序底线的原则。网络是一个虚拟空间，它给了我们每个人很大的空间和自由，但这并不意味着没有任何的约束，网络与现实生活是相互融合的，网络上不良的问题不仅影响网络的文明建设，而且会直接影响现实社会的进步与发展。所以，营造风清气正的公共秩序，需要所有人共同努力。

（6）遵守道德风尚底线的原则。在网络普及的今天，人人都是传播站，人人都是自媒体，但不管我们想要发表什么，传播什么，要做到有理性、有底线。

（7）遵守信息真实性底线的原则。对于信息而言，最忌讳的就是虚假信息。虚假信息跟真实信息在一起，鱼目混珠、鱼龙混杂，蒙蔽了人们的双眼，影响了人们对于信息真实性的判断。在一个传播多元的时代，无论是政府机构、大众媒体还是个人，所要做的是，共同抵制虚假有害信息特别是恶意谣言的传播，大力倡导真实、文明的信息交换和流通，这是互联网时代的底线，也是人类文明持续健康向前发展的要求。

2017年9月9日，两高院发布《最高人民法院、最高人民检察院关于办理利用信息网络实施诽谤等刑事案件适用法律若干问题的解释》，"解释"中规定，凡上传未经审核的信息，被点击浏览达5000次，被转发达500次，将按刑法第二百四十六条第一款规定的"情节严重"处理。

第
五
篇

心理健康

随着社会多元化飞速发展和网络时代的到来，人们的生活节奏不断加快，社会竞争越来越激烈，人与人之间的收入、地位差异性越来越明显，人际关系趋于复杂化。面对激烈的竞争，巨大的学习、就业、生活等压力，人们心理亚健康问题越来越凸显。

一、心理健康标准

心理健康是指人们心理各个方面及活动处于正常或良好的一种状态。而性格较好、智力正常、三观正确、态度积极、行为端庄、意志坚强的状态属于理想的心理健康状态。心理健康突出表现在社交、生产、生活上能与其他人保持正常的沟通或配合。美国心理学家马斯洛总结了心理健康表现的十个方面：一是有充分的安全感；二是充分了解自己，并对自己的能力做充分估计；三是生活的目标能切合实际；四是能与现实环境保持良好的接触；五是能保持人格的完整与和谐；六是具有从经验中学习的能力；七是能保持良好的人际关系；八是适度的情绪表达与控制能力；九是在不违背团体的原则下能保持自己的个性；十是在不违背社会规范的条件下，对个人的基本需求能做恰如其分的满足。

二、大中专学生心理健康现状

据国家相关机构调查，我国有超过20%的大中专学生存在不同程度心理障碍，10%左右有明显的症状，需要进行外界干预或药物治疗。这也是近年来大中专学校坠楼等自杀死亡事件频发的主要原因，有的地区已经超过溺水死亡事件，成为校园安全的头号杀手，形势很严峻。

三、大中专学生常见心理健康问题

近年来，大中专学生常见心理健康问题主要表现为：思想消极、情绪不稳定、抑郁、强迫症、缺乏安全感等，已经成为全社会共同关注的重要问题。

1.学业方面表现。

对自己未来很迷惘，厌学情绪比较严重，没有学习欲望。他们往往因为受社会或家庭环境的影响，心里边"装着"很多事，很难把心思放在读书学习上，导致各科目成绩越来越差，成绩跟不上后又给自己造成一定的心理压力，从而形成一个恶性循环，最终甚至可能导致辍学。

2.人际关系方面表现。

缺乏社交技能，具有交往恐惧心理，不能和他人正常沟通交流，所以往往和他人关系失调，处于一种孤独自闭状态，从而产生自卑、嫉妒、冷漠等不健康心态。在学校，他们很少甚至不参与任何活动，不和同学和老师交流，大家都不知道他们到底在想什么，要做什么。回到家里，大多数时间也是一个人待着，很少和父母交流，父母因为忙于事业和生计，往往忽略这些情况，导致孩子越来越孤独，形成一种自闭的状态。

3. 情感方面表现。

情绪非常不稳定，将一些微不足道的问题无限放大，不能释怀；缺乏自信和安全感，过度在意他人的一举一动，对周围人和事不信任；与异性交往困难，因单相思而苦恋、失恋、陷入多角不良关系不能自拔。特别是失恋，对他们的打击会很大，本来还有一些"情感寄托"，一旦失恋，他们会觉得"天塌"了，要么彻底放弃自己，什么人都不信任，什么事都无所谓；要么完全失去理智，情感处于完全偏执状态，很容易做出伤害他人或自己的极端行为。

4. 人生态度方面表现。

十分消极，对人生意义、价值取向等问题的理解出现偏差，形成一种不良的甚至是扭曲的思想观念，认为自己是无用的，对自己未来是无望的。现实是残酷的，一个消极的人，在任何时候任何地方，很难得到他人或社会的关注，于是他们会认为老师同学不关心他们，父母不在乎他们，感觉自己似乎是多余的，慢慢地开始放弃自己，不愿意谈学习，更不愿意谈未来，人生观、价值观慢慢变得扭曲，要么不学、不思、不行动，完全处于一种无意识状态。要么极端报复，认为是别人亏欠自己，是这个社会亏欠自己，所以稍有不顺，都会非常极端地去报复他人和社会。

四、诱发大中专学生心理健康问题的因素

（一）家庭环境的不良影响

家庭是构成社会最基本的单元，家庭成员之间的关系、家庭条件、家庭成员的社会关系及社会地位等等这些因素构成了一个复杂的家庭环境，孩子一出生来到这个陌生的世界，就被浸染在这样一个复杂的环境中，父母的一言一行，都在影响甚至决定着孩子们的成长，家庭环境的不良影响是造成大中专学生心理健康问题的重要因素。家庭环境是孩子成长最初也是最重要的环境，特别是父母的情绪管理对孩子成长影响非常大，如果父母及家庭成员之间能相互尊重，彼此包容、理解，感情融洽，为人谦和，处事态度和善，积极应对困难和挫折，在这种家庭环境中成长的孩子大多是积极阳光的。相反，如果家庭成员之间经常争吵，相互

之间不信任，遇事总是相互责备，父母感情不和甚至离异，每个人都处在苦闷和忧虑中，这种家庭环境对于孩子的成长非常不利，孩子的消极、抑郁、自卑、孤僻、冷漠等心理健康问题往往就在这种环境中形成。再者就是对孩子溺爱，从小要什么给什么，说什么是什么，百依百顺，娇生惯养，他们看问题总是以自我为中心，缺乏合作和集体意识，具体表现为：任性自私、傲慢无理、自以为是等。这样的孩子最大的问题是社会适应能力差，一旦遭受挫折，就会对他们的心理造成严重影响，容易形成仇恨、对立、怯懦等心理问题。

（二）学习和就业压力

当前，大中专学生学习和就业的压力很大，这也是诱发心理健康问题的主要因素。随着科学技术的日新月异，很多领域的生产方式正在发生转变，由传统模式向新型模式转变，由人工向智能转变，一方面，各个领域高端技术人才缺乏，但大多毕业学生往往是理论与实际相脱节，或者是对自己的专业不"专"。另一方面，各基础行业特别是生产和加工行业，自动化程度越来越高，工种岗位越来越少，就业需求量也就越来越小。这就会给在校大中专学生造成一定的心理压力，有的甚至丧失信心，选择放弃。

（三）自我认知偏差

中专学生的年龄一般在 15 至 18 岁之间，正处于成年过渡期，他们的思维方式和行为活动都开始表现出"成人"的特征，特别是在社会交往方面，他们非常希望得到别人的尊重和理解，希望别人把他们当成年人来看待。然而，由于心智不够成熟及社会阅历上的差距，他们和成人之间是有明显差距的，比如：做事容易冲动、盲目自大、逆反心态等比较典型，对于学习重要性认知不足。所以在现实生活中，无论是父母还是老师，往往不会把他们当成年人来看待，其结果很显然，他们在内心上就很抗拒，认为是父母或老师不尊重和理解他们，由此形成心理困扰。

五、容易引发大中专学生违法犯罪行为的常见心理问题

（一）追求享乐心理

受不当家庭教育及不良社会风气的影响，现在越来越多孩子喜欢追求享乐，这是大中专学生中较为普通的一种心理现象，没有经济收入，却追求高消费、摆阔气，整天想着不劳而获，做人上之人。某中专学生张某其父母皆为乡下农民，起初，家里每月给的 800 元生活费完全可以应付日常生活开支。后来交了个女朋友，并经常带着女朋友出入饭店和娱乐场所，800 元的生活费根本不够支配。于是，

他时常追逼父母给他汇款，因父母不可能满足他的这种需求，他就想方设法去弄钱。2008 年 5 月的一天，同寝室的李某家人捎来 2000 元生活费，还未来得及存入银行，便被张某盗走。案发后，张某被学校开除学籍，同时受到了法律的制裁。

（二）打击报复心理

大中专学生正处于身心成长的过渡期，容易冲动，对困难和挫折缺乏最起码的忍受能力，有较强的报复心理。某中专学校学生杨某下课后与女朋友一起回宿舍，迎面走过来的同班男同学刘某看了其女朋友一眼，杨某大为不快，并与刘发生口角，在女友的劝说下方才散去。刘某以为没什么了，没想到晚上杨某邀约了一帮人冲进宿舍殴打自己，并用水果刀将自己刺伤，造成严重伤害。事后杨某被公安机关刑事拘留，同时被学校开除学籍，当时受杨某邀约帮忙的一伙同学也受到学校的严肃处理。

（三）寻求刺激和逆反心理

这是一种故意对他人要求采取相反的态度和言行，从而来突显自己有"个性"的心理状态，并从中寻求刺激。某中专学校学生王某，因家庭条件相对较好，在学生中间很有优越感，平时对学校的规章制度和班主任的要求不太买账。有一天晚自习时间王某和班主任请霸王假无果后自行外出，并和朋友借了辆摩托车来骑，晚上 10 点左右班主任接到电话说王某出了交通事故，医院已下了病危通知书。后来经过医院奋力抢救，王某生命被保住了，但已经给自己和家人造成了不可挽回的损失。

六、培养健康积极的心态

1. 正确定位自己，确定切实可行的人生目标。

每一个人都应该有一定的人生目标，但在确立自己的人生目标之前，要正确定位自己，我们不可能人人都去当明星。要承认，人与人之间智力能力是有差距的，不要盲目去比较，目标要切合自己的实际；也要正确理解成功，只要我们做一个努力的人，努力学习，努力工作，努力生活，哪怕最终没能实现起初预定的目标，我们的人生也是精彩的。比如：自己即将毕业或刚毕业，不要光会看到身边什么人工资待遇有多好，岗位工作有多轻松，要知道，无论在什么时候，成绩都不是别人给的，是要靠自己一点点奋斗出来的。所以我们要结合自己所学专业和特长，先找一家适合自己的正规企业或公司，从最基层开始锻炼，脚踏实地，一步一个脚印地积累工作经验，过程中要善于学习和总结，努力奋斗，这样才能不断得到提高。

2.学会宽容大度，以诚待人。

同学间要诚实守信，互帮互助，团结友爱，相处过程中的磕磕碰碰要学会宽容和理解，不要斤斤计较。宽容是宽大有气度，不计较不追究的意思，它是人们在交际中最美丽的一种情感，是一种良好的心态，更是一种高尚的品质。海纳百川，有容乃大，能够宽容别人的人，其心胸就像天空和大海一样宽广。只有容纳每一滴水，方能成为广袤无垠的大海，只有不弃每一粒沙土，方能成为巍峨耸立的高山。

诚实守信是为人处世之本，诚实，即忠诚老实，不隐瞒自己的真实想法和真实感情，不说谎，不作假，不为私利而欺瞒他人。守信，即讲信用，守承诺，答应了别人的事一定要去做。一个诚实守信的人，通常容易赢得别人的信赖，人们都会觉得他"靠谱"，很愿意和其交往，凡事愿意也放心交给他去做。关于这个问题，笔者想在此穿插一个内容：合理支配金钱。先讲一个实例：

某中专学校学生王某，男，会计电算化专业，在校期间曾担任班长、校学生会主席等职，工作积极认真，乐于助人，性格活泼，学校老师们都觉得该同学毕业后定能有所作为。王某2016年7月份毕业后就业于一家小额信贷公司，刚开始做得挺好的，后来因为想在公司入股，就和家人和朋友借了很多钱，入股不久公司因资金链断裂出了问题，而王某借的钱完全超出了他自己能够偿还的范围，最后王某为了躲债，换了手机号码，离开了公司不知所踪，所以很多欠款至今仍未偿还。王某在学校期间给大家的感觉是很靠谱的，但毕业几年后因为借贷的问题完全成了一个不靠谱的人，究其根源主要就是失去了诚信，因为金钱丢掉了诚信，因为挫折出卖了自己，最终必然会输掉自己。我们任何一个人在就业或创业过程中会遇到各种挫折，这很正常，每一个成功者都是这样走过来的，因为不经历风雨你是见不到彩虹的。投资创业，这个想法没有问题，王某的问题出在不能结合自己的实际，不是靠自己的积累，而是通过借钱来投资，这本身就存在极大的风险。出问题后，王某没有一点担当，逃避责任，丢掉了比金钱更重要的东西——诚信，这样他是成长不起来的。

3.多培养一些兴趣爱好，来充实自己的学习生活。

在学校要多参与有益的文体活动，比如：打球、登山、看书、参加第二课堂等等，一是可以充实自己的学习生活；二是有益于我们的身心健康；三是还可以锻炼各方面技能。就和吃饭需要调料来调节我们的胃口一样，学习也需要调节，良好的兴趣爱好就是最好的"调味剂"。一方面，它可以使我们全面发展，课堂上要认真钻研，学科要专，这是我们以后的"饭碗"，课外也要有一定的兴趣爱好，比如可以挖掘自己在音、体、美等方面的特长，积极参加学校第二课堂活动，促使我们全面发展，这也非常有益于我们健康心态和健全人格的养成。另一方面，学习需要劳逸结合，这样才能提高学习的效率。再者，天天只知道埋头看书学习，不注重锻炼身体，学习成绩是好了，但带着一个体弱多病的躯体，最终反而什么也干不成。

4. 交几个知心朋友，遇事多和朋友沟通交流。

只要我们以诚相待，不会没有朋友，在朋友中如果遇到为人正直、作风正派的可作为知心朋友，遇事可以和对方多沟通交流，这样可以有效释放我们内心无形的压力，有益于身心健康。对于我们每一个人来说，无论是学习、生活还是以后的工作，沟通交流很重要，这就和一塘水一样，如果你不让它流动，它就是一塘死水，慢慢地会变质甚至发臭，你只有让它流动起来，才能保持清澈。所以我们要学会多和他人沟通交流，不要什么事都藏在心底，通过交流，可以疏解我们心中的烦恼，可以消除彼此之间的误会。

5. 勇于承认错误和自己的不足。

自己的错误要勇于承认，自己的不足要坦然面对，其实犯错并不可怕，真正可怕的是知道错了，但不愿意去承认和面对，不去面对你就不会成长，甚至会给自己造成一定的心理负担。这个问题说起来简单，要付诸行动，对于大多数人来说都不容易，一方面，我们看别人的问题缺点容易，却很难发现自己的问题缺点。另一方面，就算发现了自己的问题缺点，潜意识里却不愿意去承认和面对。但我们必须要懂得，只有坦然去承认和面对问题缺点，我们才能放下心理包袱，才能正视自我，才能得到自我成长。

6. 正确、理性地面对挫折。

一个人的一生中不可能总是一帆风顺，总会有大大小小的挫折伴你左右，只有敢于和善于直面人生挫折，才能在挫折中奋飞，在拼搏中成功。大家都知道，爱迪生发明了电灯，也知道爱迪生是经过了千百次的失败，最后才成功发明了今天我们家喻户晓的电灯，伟大的科学家都可以失败，我们为什么不可以呢？张海迪，从小因患血管瘤导致高位截瘫，无法和正常的孩子一样快乐生活，就连最起码的生活自理都是个大问题，在这样残酷的命运挑战面前，她没有沮丧，没有沉沦，而是以顽强的毅力与病魔作斗争，克服一切病痛折磨，努力学习，自学了英、德、日等多门语言，并攻读了大学和硕士研究生的课程，后来还从事文学创作，其中《生命的追问》《轮椅上的梦》都是她很具影响力的代表作品，目前，她是中国残疾人联合会主席。和从小坐在轮椅上的张海迪相比，我们的挫折又算得了什么呢？

第
六
篇

传染性疾病的防治

传染性疾病是指能够在人与人、动物与动物、人与动物或物与人之间传播的疾病，病原体大都是微生物，病菌可由已感染的个体、感染者的体液及排泄物、感染者所接触到的物体等直接接触传播，也可通过空气、水源、土壤等间接传播，还可通过母婴垂直传播。传染性疾病和其他疾病最主要的区别就是其具有传染性和流行性，一旦有个体被感染，控制不好就会在校园大范围传播开来，造成公共卫生事件。近年来，经常在人员密集地方流行的传染性疾病有：流行性感冒、水痘、疥疮、肺结核等，因校园属于人员密集的重点场所，很容易大面积传播，造成公共卫生事件。

第一章　流行性感冒

流行性感冒，简称流感，是流感病毒引起的一种急性呼吸道疾病，属于丙类传染病。主要症状为：高烧、头痛、咳嗽、肌肉酸痛、乏力等。流感病毒传染性很强，大部分人群都容易感染，发病率高。

一、流感病毒的特征

流感病毒传播速度快，呈季节性流行，在我国的北方省份，主要在冬季流行，而在南方省份，主要在春、夏季流行，一经在学校流行，可发生暴发性疫情。据世界卫生组织（WHO）统计，每年季节性流感在全球可导致300万至500万重症病例，30万至60万人死亡，孕妇、婴幼儿、老年人及慢性基础疾病患者属于高危人群，感染后出现重症和死亡的风险比较高。

二、流感病毒的传播途径

流感病毒在空气中可存活半小时左右，所以流感主要以飞沫传播为主，它经口腔、鼻腔、眼睛等黏膜直接或间接接触进行感染，接触被病毒污染的物品也会被感染。在人群密集且封闭、不通风的场所，流感病毒主要以气溶胶的形式传播。

三、流感主要类型及症状

流感潜伏期一般在一周左右，典型症状表现为高烧、畏寒、头痛、乏力、肌肉酸痛等，会伴有鼻塞、流涕、胸腔不适、眼结膜充血等局部症状。

（一）轻型流感

轻型流感一般发病较急，病情较轻，症状类似于普通型感冒，大多数情况不发热或仅出现低热，症状有全身酸痛、头痛等，呼吸道症状有咽痛、咳嗽、鼻塞、流涕等，症状均较轻，不需要药物治疗，一般 2 至 3 天后可痊愈。

（二）肺炎型流感

肺炎型流感是因流感病毒感染呼吸道上皮及肺泡上皮细胞而引起的炎症，一开始和流感典型症状相似，但 1 至 3 天后病情会迅速加重，出现高烧、咳嗽、胸痛，严重患者会出现呼吸衰竭及心、肝、肾等多器官衰竭，治疗难度大，死亡率比较高。此类流感主要发生在婴幼儿、老年人、慢性病患者及免疫力低下等人群。

（三）重症型流感

重症型流感表现为持续多天高烧并伴有剧烈咳嗽、咳痰或胸痛、呼吸频率快或呼吸困难、口唇紫绀、严重呕吐、腹泻等；神志方面表现为反应迟钝、嗜睡、惊厥、躁动等；还会伴有肺炎，原有基础疾病明显加重。危重患者表现为呼吸衰竭、急性坏死性脑病、脓毒性休克、多脏器功能不全等。

四、流感的预防

1. 疫苗接种。

每年接种流感疫苗是预防流感比较有效的手段，接种者可以明显降低感染流感和发生严重并发症状的风险。

2. 养成良好的卫生习惯。

养成良好的个人卫生习惯是预防流感等呼吸道传染病的重要手段。一是养成勤洗手的习惯，勤洗手是保持手部清洁，防止细菌和病毒传播最直接的方式；二是保持学习、生活环境清洁和通风，咳嗽或打喷嚏要用纸巾遮住口鼻，不随地乱扔手纸；三是流感流行季节尽量减少到人群密集场所活动，尽量避免接触呼吸道感染患者；四是自己出现流感症状时，主动做好自我防护和隔离，规范佩戴口罩，并尽快就医。

3. 养成良好的生活习惯。

一是适当进行户外运动和体育锻炼，增强自身体质和免疫力，对于各种疾病的预防，我们自身的免疫力是根本和关键。二是注意保暖。流感多发于秋、冬季节，要根据天气或季节变化，适时增添衣物，避免受寒感冒。三是养成良好的饮食习惯和规律，俗话说："病从口入"，是很有道理的，所以健康合理的饮食习惯，是保障我们身体健康的重要因素。

第二章　水　痘

水痘是一种由水痘－带状疱疹病毒感染而引起的急性传染病，主要发生于婴幼儿、学龄前儿童，成人发病症状会比儿童更加严重。冬春两季最容易发病，水痘患者是唯一的传染源，传染性非常强，是近年来校园内多发的一种传染性疾病。

一、水痘的主要症状

1. 潜伏期。

当人们感染水痘带状病毒后，感染者并不会立刻产生症状，一般会经过 1~3 周的潜伏期。在潜伏期不具有传染性。

2. 发病期。

潜伏期后，感染者才会进入 1~2 周的发病期，患者通常会发烧 1~2 天，最初皮疹为红色斑点，慢慢地这些斑点会变成充满液体的疱疹，疱疹底部一圈呈红色。儿童一般是直接进入出疹阶段，而成人患者会先出现低烧、乏力、食欲减退、畏寒等不适感，持续 1~2 天后才出疹。疹子往往先出现在躯干和头部，然后慢慢向面部和四肢扩散。整体病程 1~2 周，水痘痊愈后一般不会留下疤痕。

二、水痘的主要传播途径

感染水痘的患者潜伏期结束进入发病期后，就是水痘的传染期，它的主要传播途径有两种，一种是通过空气飞沫传播，其他人只要接触到患者从口鼻中喷出的飞沫，很容易被感染。另一种是直接接触传播，水痘患者的衣物和餐具上通常会被疱疹液污染，其他人如果和患者共用餐具、共穿衣物，很容易被传染。水痘的传染性极强，所以一旦发现一定要先进行隔离，特别是学校人员密集，如果控制不好，很容易造成暴发式传染。

三、水痘的主要预防措施

1. 疫苗接种。

目前接种水痘疫苗是预防水痘最有效的措施，因为疫苗可以通过免疫刺激让人体产生抗体，不过打过疫苗的孩子也会感染水痘，但病情会比不打疫苗的要轻得多。

2. 不接触水痘患者。

水痘的唯一传染源就是患者，如果身边已经出现水痘病例，就要做好自我防护，不接触患者，不去坐患者坐过的桌椅，不去碰患者用过的物品。

3. 加强体育锻炼，增强自身免疫力。

平时要多参加体育运动，比如：跑步、游泳、打球等等，通过体育运动和锻炼，来增强我们的体魄，提高自身免疫力。有的人认为只要小时候感染过水痘，就会终身免疫，这种认识是不准确的，儿时感染水痘，治愈后少数人会有病毒潜伏在体内，成人后一旦身体免疫力下降，潜伏的病毒还会再发作，引起带状疱疹，症状比儿时要更加严重。

第三章　疥　疮

疥疮是由疥螨在人体皮肤表皮层内寄生而引起的接触性传染性皮肤病，它可以发生在人体的任何部位，但因为疥螨更容易在皮肤薄嫩的地方活动，所以多发于手指缝、腋窝、阴部等敏感部位，此病的典型症状是瘙痒症状晚上比白天明显加重。

一、疥疮的主要症状

1.疥螨主要寄生部位。

疥螨在成人身上主要寄生在手指缝、手腕、腋窝、下腹部、生殖器、腹股沟等部位，一般不会寄生到头部和面部。如果是婴幼儿除上述部位外，也会寄生到头面部。

2.典型症状及特点。

疥疮主要表现为针头大小的丘疹、丘疱疹和水疱，皮疹可能遍布全身，也可能局限于某些部位，如手、下腹部、生殖器等。丘疹为淡红色或正常肤色，周围皮肤发红；丘疱疹是在丘疹的顶端出现小疱，在指缝处可见到疥螨掘的隧道，呈灰白色或浅黑色纹状，弯曲微隆起，这是疥疮特有的症状。患者皮肤常有剧烈瘙痒，因为疥螨虫在晚间活动力最强，所以在晚上瘙痒症状会更加严重。

二、疥疮的主要传播途径

疥疮主要通过直接或间接接触传播，比如与感染者通过身体密切接触，使用共同的衣物、床铺、卫生用品，坐感染者坐过的桌椅等，都有可能被传染。尤其是在集体宿舍或者一个家庭中很容易流行。

三、疥疮的主要危害

疥疮是一种传染性极强的疾病，其危害主要表现为：

1.影响和耽误学习。

确诊疥疮的学生，如果在校园内，很难做到安全隔离，所以为了避免在校园内大面积传播，学校通常会要求感染学生回家治疗，完全康复后再返回学校，疥疮要痊愈最快也要两周左右，所以一旦被感染将会影响我们的学习。

2.影响生活质量。

一方面，因其极强的传染性，很容易传播给我们身边的同学或家人，所以一旦被感染，我们需要做好充足的防护措施。另一方面，因疥虫喜欢晚上活动，所以夜间的奇痒症状将会影响睡眠，从而影响患者的生活质量。

四、疥疮主要预防措施

1.不接触疥疮感染者。

疥疮的主要预防措施是避免与感染者进行直接皮肤接触，同时还要做到不接触感染者用过的物品，不去坐患者坐过的桌椅。

2.养成良好个人卫生习惯。

一是做到勤洗手，勤洗澡，勤换洗衣服和被褥，勤晾晒被褥。二是在学校尽量减少不必要的互串教室、宿舍，必要互串时不要随意坐别人的桌椅或床铺。

3.已被感染的患者，要防止疥螨传播。

一是及时自觉报告学校老师，进行自我相对隔离，不直接或间接接触他人。二是积极进行就医治疗。三是有条件者将自己所有的衣物、床上用品等进行煮沸消毒和高温烘干。四是如果没有高温消毒的条件，要将上述物品用塑料袋包扎封装一周以上，使疥螨虫饿死后再进行清洗和晾晒。

第四章　肺结核

肺结核俗称"肺痨"，是一种由结核杆菌感染肺部引起的慢性传染病，结核菌可能入侵人体全身各种器官，但主要侵犯肺部，所以称为肺结核，是危害很大的慢性呼吸道传染病，很容易传播，特别是在校园，学生集体学习、生活，接触比较频繁和密切，很容易在校园里传播和蔓延。

一、肺结核的传播途径

肺结核主要通过呼吸道传播，发病人咳嗽、吐痰、大声说话、打喷嚏时，从口鼻喷出的飞沫中含有大量的结核杆菌，微小的飞沫可能在空气中停留数小时，吸入者可引起感染。还可通过消化道食用被结核杆菌污染的食物感染。另外是患病孕妇经胎盘引起母婴间传播。

需要指出，并不是所有结核杆菌感染者都会发病，这与人体免疫能力有密切的关系，有的感染者自身能清除病菌，有的人感染后数年甚至一辈子也不会发病，这种情况叫作结核病潜伏期，这时的结核杆菌在人体内处于休眠状态，不具有传染性。

二、肺结核的主要症状

1. 早期症状。

感染者早期一般没有明显症状，往往是在常规体检时，通过胸部影像学检查才会发现问题。

2. 典型症状。

呼吸道症状：感染者的典型症状是咳嗽、咳痰，可能咳嗽超过两周，咳痰并且痰中带血或咯血，胸闷、胸痛等。其他症状：低热、盗汗、消瘦，女性月经失调等。

三、肺结核的预防

1. 隔离患者。

肺结核是一种传染性疾病，患者是主要感染源，发现患者并及时隔离是最有效的预防措施。

2. 养成良好卫生习惯。

养成良好的个人卫生习惯是预防肺结核传染的重要手段。一是养成勤洗手的习惯；二是保持学习、生活环境清洁和通风，咳嗽或打喷嚏要用纸巾遮住口鼻，不随地乱扔手纸；三是自己出现肺结核症状时，主动做好自我防护和隔离，并尽快就医。

3. 加强锻炼，增强体质和提高免疫力。

提高人体免疫力的方法很多，但比较有效的措施是进行身体锻炼，比如跑步、跳绳、游泳、打球等体育运动，都可以强筋壮骨，活动关节，促进血液循环，增强代谢，提高身体抗病能力。

第七篇

案例警示教育

第一章 溺水事件案例

案例 1 2015 年 11 月 21 日，星期六，某中专学校学生李某某和同班同学一行 7 人到学校周边的水库边玩，酒后不听同学劝说下水游泳不幸溺亡。

事件经过：李某某是班长，品学兼优，平时深受老师和同学喜欢。2015 年 11 月 21 日，该同学不知什么原因心情不好（事后同学反映），于是约了同班同样是品学兼优的同学一行 7 人，到距离学校二十几公里外一个水库边玩，大家边吃烧烤边喝了点啤酒。11 月底天气已经比较凉了，事先心情就不好的李某某酒后硬说要下水游泳，其他同学一致反对，都不同意他下水，可是喝了酒后的李某某甚是激动，没人能劝得住，脱好衣服放在边上就下水了，大家还以为他会游泳，不料刚进去就沉了下去，其实他根本就不会游泳，大家都吓坏了，急忙向周围人群求救，有会游泳的人听到后急忙下水帮忙救援，不幸的是几拨人相继下水搜救，都没能找到人，直到第三天后搜救人员才找到已经溺亡的李某某。

案例分析：

1. 事件后果。该溺水事件给李某某的家人造成了灾难性的打击，是亲人永远的伤痛。同时也给当时同行的其他同学留下了难以消除的心理阴影。

2. 造成事件的原因。一是不守规矩，违反学校安全管理规定。据了解，李某某生前所就读的学校明确规定，严禁学生到无安全保障措施的水域游泳，严禁喝酒，每周还专门利用周五晚自习时间，以班级为单位，对学生进行周末的安全教育。二是不会调节自己不良的情绪。李某某本来是一个品学兼优的班干部，只因有了不良的情绪，就置学校的规章制度于不顾，并用极端的方式宣泄自己不良的情绪，从而造成了无法挽回的后果。

案例 2 王某某，男，42 岁，从小在澜沧江边长大，掌握很好的游泳技能。2018 年 5 月的一天，王某某约同村里几个小伙，打算过江去办事，因为从小就掌握很好的游泳技能，所以和往常一样，没有找渡船，而是自己游过去，王某某在前面，他双手托着自己的衣服，游到江面大约一半时，不知何原因，人突然沉了下去，后面的小伙只看到他的衣服漂在水面上，一开始大家以为他在逗着玩，可是衣服都漂走了，但始终看不到人，这时大家才意识到出事了。直到5天后，才在十几公里的下游处打捞到已经溺亡的王某某。

造成事件的原因分析：王某某从小在江边长大，游泳技能很好，平时过江基本上都是自己游过去，已经习惯成自然，没有充分去考虑潜在的诸多危险。比如江面比较宽，过程中如果身体出现异常，出意外的概率是很高的；还有地理位置虽然自己很熟悉，但因为江水湍急，江面下的水流情况是不可预见的，水中垃圾的缠绕，尖锐物体的撞击，这些都是致命的。此次溺水事件，最终也没人知道王某某当时发生了什么，人突然就沉了下去，造成无法挽回的悲剧。

第二章 交通安全事件案例

案例 1 2017 年 7 月 16 日中午，学校刚放暑假回家不到 1 周，某中专学校学生刘某某在家吃过午饭后骑着父亲的摩托车外出和初中同学聚会，聚会一直到深夜 11 点 40 分左右，过程中大家都喝了很多酒，结束后刘某某和一名同学共同骑乘父亲的摩托车回家，途中发生了交通事故（自摔），导致两人当场死亡。

造成事件的原因分析：

一是刘某某个人原因：首先刘某某作为一个未成年人，不应该驾驶机动车。出事当天，刘某某将父亲的摩托车骑着外出参加同学聚会，违反了校纪校规，同时还违反了交通法规。其次是刘某某在和同学聚会的过程中，饮酒过量，出事时上身衣服都没有穿，已经是醉酒状态，还要去骑摩托车，安全意识十分淡薄。

二是监护人的原因：作为监护人的父母，首先不应该让孩子骑摩托车去参加同学的聚会，因为骑车本身就具有一定的安全隐患，如果喝酒再骑车那安全隐患就更大了。其次是孩子中午就出去了，深夜未归，父母在过程中的跟踪管理不到位，如果过程中及时跟踪，催促其尽早回家，又或者在跟踪过程中发现其喝酒，就不能让其骑车，可能就避免了惨剧的发生。

案例 2 2017 年 8 月某一天深夜，罗某某等一伙社会青年生日聚会，聚会一直到第二天凌晨 1 点钟左右，过程中大家都喝了很多酒，结束后罗某某和其中两名同伴共同骑乘一辆摩托车去吃夜宵，途中发生了交通事故（自摔），导致 2 人死亡 1 人重伤。

事件详细经过： 罗某某是一名中专学校毕业刚参加工作不到 2 年的社会青年，出事前两天刚买了一辆摩托车，出事头天一个朋友过生日，几个人相约生日聚会，并事先预订了宾馆，有点不醉不归的意思，一伙人喝酒至第二天凌晨 1 点左右，其他人先后回了宾馆，罗某某和另两人觉得有点饿，想要去吃夜宵，于是三个人骑着罗某某刚买的摩托车换地方去吃夜宵，中途出了事故。

　　造成事件的原因分析： 罗某某一伙都是已成年的社会青年，应该知道过量饮酒对身体的危害，更应该知道国家交通法规，饮酒后不能驾驶机动车辆。从这个事件不难看出，罗某某一伙在醉酒状态下，多人骑乘一辆摩托车，一是法纪意识非常淡薄，想着深夜了不会有交通管制，我行我素，随意而行。二是安全意识十分淡薄，作为一个成年人，本该预见过量饮酒的危险性，更应该预见在醉酒状态下骑车是非常危险的事，过程中不应该只想着如何逃避交通法规，而应该从根本上意识到安全的重要性。

第三章 群体性斗殴事件案例

案例 1 2016 年 11 月 14 日中午放学后，某中专学校新班学生陈某某在回宿舍的途中抽烟（该学校教学区和宿舍区分离，相距大约 2 公里），紧跟其后的老班学生李某某和沈某某看其不顺眼，便上前进行挑衅，从而引起口角并发生肢体冲突，之后双方约人在路上发生过两次斗殴，因地点隐蔽均未被学校巡逻保安发现。之后双方本来已经讲和，但在上晚自习时，老班学生李某某还是觉得不服气，就通过手机短信开始邀约人员，并约对方下自习后在某地等候再谈，本来已经在外实习的学生张某某收到信息后从实习企业赶到相约地点，伙同李某某、沈某某等多名同学在约定地点等候陈某某，陈某某明知对方人多势众，自己肯定要吃亏，所以事先准备了一把匕首藏在身上，到相约地点后自己邀约的人还没到，结果自己就被对方团团围住进行攻击，蜷缩在地上被踢打的陈某某掏出事先准备的匕首，胡乱一番捅刺，导致 6 人腿部被捅伤，其中在外实习的学生张某某大腿根部动脉血管被捅破，结果抢救无效死亡。

事件的最终结果：一是死亡学生张某某的家人最终所获民事赔偿金额不足 5 万元。二是动刀的陈某某及其家长所做的防卫过当辩护被驳回，最终被判了 5 年 6 个月的刑期。

造成事件的原因分析：

1. 不守规矩。本来学校明确规定不准抽烟，但陈某某无视学校的规章制度，不遵守中学生行为规范，规矩意识淡薄。

2. 任性。几个老班学生看到别人抽烟后，不是想着如何去帮助他人改正错误，而是感觉不顺眼，就开始任性，去挑衅、去找碴，从而引起矛盾纠纷。

3. "哥们江湖"义气。好友之间相约帮忙，不问青红皂白，不以化解矛盾为目的，觉得朋友约了就要去，就要动手，否则就是不"帮忙"，不"仗义"。

4. 不会用合理、正确的方式去处理同学间的矛盾。事件中受伤的都是来"帮忙"的同学，特别是最后死亡的张某某，原本在外实习，和对方没有任何矛盾和冲突，仅仅因为"哥们江湖"义气，结果造成了不可挽回的惨痛结果。收到朋友邀约的信息后，本来应该用理智的方式帮助朋友分析原因，并劝其用正确的方式去处理矛盾，做到大事化小，小事化了，如果事态不能控制，要及时报告老师。

案例 2 2013 年 9 月 16 日，某中专学校学生曾某某和其他学校学生黄某某因之前在交往过程中发生口角，当天下午黄某某约人先后两次对曾某某进行挑衅，并动手打了曾某某，每次被打后，曾某某都打电话给了自己的父亲，但就是没有报告老师，而他的父亲当时因为手头正忙着，所以每次都只是告诫说不要和别人吵，也没有想着要报告给班主任。被打后，曾某某很是郁闷，于是邀约了一伙社会人员在校外酗酒，同时准备了一把匕首，后来两伙人再次相遇，因对方人多势众，再次对曾某某进行挑衅，并发生了肢体冲突，曾某某手持匕首刺伤多人，最终导致黄某某和一名社会闲散人员当场死亡。

事件跟踪调查：曾某某在学校无心学习，经常请假，喜欢和社会闲散人员在一起，社会关系相对复杂，班主任和学校其他老师多次教育劝导均不听。黄某某是邻近一个中专学校的学生，从小学到初中经常滋事打架，在家父母管不了，在学校也不服从管教，出事前才因为严重违反校纪校规被记"留校察看"处分。

造成事件的原因分析：

1. 不守规矩。作为学生不把精力放在学习上，经常和社会人员混在一起，经常在外酗酒，这对控制能力比较弱的未成年人来说，很容易引发矛盾纠纷。

2. 不会用合理、正确的方式保护自己的人身安全。该事件中，曾某某被打后，自己是受害者，本来只需要报告学校老师或拨打报警电话，由学校或警方处理，打人者自会受到应有的惩罚。但因为长期和社会闲散人员相处养成的不良习性，被打后，曾某某既不报告学校老师，也不报警，而是无知地采取最不靠谱的方式，先是邀约社会闲散人员，然后是酗酒，再后来是预谋报复所以准备匕首，无知地将自己从受害者转变成了刑事案件的行凶者，一步一步将自己推向深渊。

3. 监护人安全责任意识淡薄，对自己孩子被打不重视，任凭事态发展。本来曾某某两次被打都给自己的父亲打了电话，如果其父亲第一时间向班主任报告情况，学校就会及时控制事态并做后续的处理，完全可以避免事件的发生。

案例 3 2021 年 9 月，某高职院校学生李某某从教室回宿舍途中，经过篮球场时听到正在打篮球的张某某在吼，以为是吼自己，到了晚上李某某约了一伙同伴到张某某的宿舍讨说法，于是双方发生了口角。第二天是周六，双方都邀约了近30人，一伙人聚集在宿舍的二楼，另一伙人聚集在三楼，所有人都戴着口罩（其中一名组织者戴了头套），手持拖把棍、撮箕等，到相约时间点后，二楼聚集的一伙人有组织地冲上三楼，双方隔着宿舍门，用手持的拖把棍、撮箕等工具肆意进行挑逗，事件虽然没有人员受伤，但宿舍门受损严重，双方挑逗的过程触目惊心。

事件处理结果： 因考虑到都是未成年学生，学校自行做了处理，双方领头的同学被勒令退学，其余参与的同学都给予了留校察看处分。

事件性质分析： 此事件最开始只是两名同学因误会（张某某在打篮球的过程中因为激动吼了两声）而产生口角，进而发生聚众斗殴，虽然最后没有人员受伤。但此事件性质非常恶劣，一是过程中多人进行了有组织、有分工的预谋，特别是在双方挑逗的过程中，已经完全处于疯狂和失控状态。二是双方相互冲撞的过程不是简单违反校纪校规的问题，已经涉嫌破坏公共财产及危害社会治安犯罪。

第四章 ‖ 生日聚会案例

案例 1 2019 年 9 月的一个周末，某高职院校学生杜某某过生日，约了本校和邻近学校共 6 个朋友一起到校外一个酒吧进行庆祝，结果他的几个朋友又约了一些朋友，还包括有社会闲散人员，最后到场有 10 几个人，有几个人杜某某根本不认识。后来在喝酒过程中，一个社会人员和杜某某发生了口角，结果相约这名社会人员的刘某某不但不劝，反而伙同几个社会人员殴打杜某某。被殴打后杜某某不服气，也约了之前认识的几个社会人员，致使双方矛盾进一步升级，幸好过程中有人提前报警，才被及时制止。

事件处理结果：刘某某因邀约社会人员并事先动手打人，情节恶劣，被学校勒令退学；杜某某因组织到娱乐场所聚会，严重违反了校纪校规，被打后又邀约社会人员，致使双方矛盾进一步升级，被学校勒令退学。

事件分析：第一，杜某某过生日本来是好事，约几个要好的同班或同宿舍同学，在校内食堂或宿舍，通过分享食物进行庆祝是很好的事情。但他约了所谓的"朋友"到校外的酒吧进行喝酒庆祝，就严重违反了校纪校规。第二，杜某某交友不慎，刘某某和他是一个班的同学，本来约其来为自己庆祝生日，结果还帮着外人打自己，搅了自己的生日不说，还被学校勒令退学。第三，杜某某被打后，不用合理、正确的方式去解决，去保护自己的人身安全，而是采用以暴制暴的方式，导致事态进一步升级。

案例 2 2020 年 4 月的一个周末，某中专学校学生廖某某受同学杨某邀约参加一个社会闲散人员的生日聚会，到场后廖某某除杨某外一个人不认识，地点在校外的一处 KTV 包房，喝了两杯啤酒后，因为人不熟，廖某某提出要提前离开，几个社会人员觉得他"不识相"，不给"面子"，于是产生了口角，后来廖某某被对方多人殴打后才得以离开，离开后廖某某报了警。

事件处理结果：杨某因和社会闲散人员交往，出入娱乐场所，在校内造成不良影响，被学校给予记大过处分；廖某某因不自律，受邀到娱乐场所参与他人生日聚会，在校内造成不良影响，被学校给予严重警告处分。

事件分析：第一，杨某邀约时，廖某某就应该果断拒绝，一是学校明确规定严禁出入娱乐场所；二是什么人过生日都不知道，就去参与聚会，本身就非常不理智。第二，出事后廖某某报了警，他选择了用合理、正确的方式来保护自己，处理恰当，所以学校只给予了严重警告处分。

第五章 电信网络诈骗案例

案例 1 2013 年云南红河州一名在上海上学的女生王某红因手机被盗，被犯罪分子在手机上获取家里的电话号码，打电话告知家里，孩子被车撞，现正在医院抢救，"他是孩子的老师"请家长按指定账号汇款 8 万元，否则孩子有生命危险。家长接到电话后，心急火燎地到银行及时把钱汇出，在放心不下的情况下，又风尘仆仆地赶到上海，到学校后发现女儿安然无恙，方才知道被诈骗。

事件分析：第一，王某红手机丢失后，应该能够意识到自己的信息可能泄露，就应该第一时间告知父母，预留其他的联系方式，这样犯罪分子就不会有可乘之机。第二，作为父母，应该存有自己孩子的班主任或其他老师的电话号码，接到这样的电话，应该先拨打自己留存的电话号码验证一下。如果真有这种情况，一般都是由班主任亲自通知，并且只会告知家长尽快到校处理相关事宜，而不会直接先要求打款。

案例 2 2018 年 11 月，某中专学校会计专业刚毕业的学生陈某某在一家小型公司上班，负责出纳业务工作。一天中午收到一个要求加 QQ 好友的信息，当陈某某同意后方知对方是公司的"老板"，老板告诉她，自己在外面开会，不方便讲电话，但是有一个业务需要赶紧给对方支付一笔金额是 10 万元的保证金，让她赶紧去找会计拿支付"钥匙"。于是陈某某便按照"老板"的指示，马上找到会计并告诉对方老板安排的事，会计也说刚加了"老板"的 QQ 好友，已经知道此事，还再三叮嘱陈某某一定要核实清楚才能打款，并将属于自己保管的支付"钥匙"交给了陈某某。就这样，陈某某按照"老板"的指示，从公司账户里向对方账户通过手机银行转账 10 万元保证金。直到第二天早上，陈某某的真正老板让其去银行预约一笔款准备发工资，才发现出事了。出事后公司马上报了警，但因为是通过手机银行进行支付的，所以资金一到对方账户就马上被分散转走了，追查难度非常大。

　　事件分析：这是一起典型的诈骗分子冒充"老板"的案例，首先从专业的角度来讲，该公司在财务管理上存在很大的漏洞，比如支付"钥匙"管理和使用不规范，一般支付"钥匙"有两把，案例中陈某某很轻易就能将另一把支付"钥匙"拿到。再比如公司对大额资金的管理不规范，10 万元的资金，竟然通过手机银行就可以进行支付。第二是会计和出纳自身的专业素养不足，安全防范意识薄弱。公司大额资金往来，没有正面沟通，没有白纸黑字，没有电话核实，仅仅通过一个 QQ 聊天工具就把事办了，这样的专业素养，这样的安全意识，是严重不足的。

　　拓展资料：2016 年 9 月 23 日，最高人民法院、最高人民检察院、公安部、工业和信息化部、中国人民银行、中国银行保险监督管理委员会六部门联合发布《防范和打击电信网络诈骗犯罪的通告》的规定，为切实保护人民群众合法权益，维护社会和谐、稳定，防范和打击电信网络诈骗犯罪。中国人民银行印发《关于加强支付结算管理防范电信网络新违法犯罪的通知》，全面加强账户实名制、银行卡业务和转账管理。自 2016 年 12 月 1 日起，个人通过银行自动柜员机向异名账户转账的，将在 24 小时后到账。

第六章 早恋早孕案例

案例 1 2022 年 1 月，某中等职业学校三年级女生李某，本来马上要外出实习，但在学校组织实习体检时发现李某已经怀孕。

事件处理：考虑到李某隐私的问题，学校没有做公开处理，将其劝退回家。

事件分析：事后了解，李某，17 岁，在半年前违反学校管理规定私自和本校的一名男生张某强谈恋爱，并在假期间越过"雷池"发生了性关系，导致早孕。两人被学校劝退后，因为年龄小等多方面原因，双方父母也没让其在一起，李某被父母带去医院做了人流。李某提前结束了自己的读书生涯，损害了自己的身体，毁了自己的前程。

案例 2 2021 年 12 月某日，某中等职业学校二年级女生杨某某（16 岁），在学生宿舍卫生间产下一婴，将其抱回寝室时婴儿哭啼，杨某某因怕别人听到暴露，在无知和恐惧中将婴儿掐死，在校内外造成非常恶劣的影响。

事件处理：杨某某的行为已经涉嫌刑事犯罪，被公安机关立案侦查。

事件分析：事后经学校调查了解，杨某某才 16 岁，在年初寒假期间，和男朋友（社会人员）发生性关系，怀孕后因害怕一直未去医院做终止妊娠，也不敢和任何人讲，她一到上体育课就和老师请假，平时衣服穿得比较宽松，所以就连同宿舍的同学都一直未发现异常。杨某某同学一步走错步步错，首先是她不遵守学校管理规定，据了解，该学校有规定不准学生早恋。其次是她在早恋过程中不懂得洁身自好，过早发生性关系，致使自己怀孕，怀孕后又不能进行合理处理，最后在学校私自产婴。其三，也是最致命的，在产下婴儿后，她没有任何思想准备，完全不懂得尊重生命，不可思议地在慌乱和恐惧中杀死了自己的孩子，酿成了不可饶恕的惨剧，最后等待她的将是法律的严惩，毁了自己的一生。

第七章　技能和意识的重要性

案例 1　生命脆弱，我们要倍加珍惜！

基本情况：李××，女，16 岁，某中等职业学校二年级学生，平时身体健康。2021 年 10 月××日 18 : 32 时许，在宿舍卫生间失去意识，经"120"抢救无效死亡。

具体经过及学校处置过程：2021 年 10 月××日 18 : 30 时许李××同学从床上起来上卫生间，准备参加学校"内生式"成长教育暨周末安全教育例会，18 : 32 时许，姚××、纪××、吴××3 名同学听到李××同学在卫生间大口喘气的异常声音，经打开卫生间门查看，李××同学背靠冲水箱蹲在地面上，姚××、纪××、吴××3 名同学当场呼叫，无应答。当时李××同学已失去意识。

纪××同学 18 : 32 拨打班主任电话，与此同时吴××同学立即下楼通知值班宿管员，宿管员随即到宿舍查看情况，并于 18 : 34 拨打"120"急救电话，救护人员于 18 : 46 时到达现场。经救护医生确认，李××同学已无心跳，有轻微呼吸。20 : 35 抢救医生宣告李××同学已无生命体征，经抢救无效死亡。

事件感悟

李××同学虽未抢救过来，但班级、宿舍及周边的同学做得非常好、非常到位、非常及时。展现了尊重生命、救死扶伤、助人为乐的优秀品质，体现了良好的班风班貌。

李××同学才 16 岁，年轻的生命就这样失去了，我们无比悲痛！无比惋惜！无比遗憾！无比同情她的父母、亲人！

同学已去，我们要化悲痛、化惋惜、化遗憾为力量、为行动，做好我们该做的。

1. 人吃五谷杂粮，都会生病，生病了要第一时间报告、检查、就医。

要学会自己报告；周围同学看到异常要报告，若感觉问题很严重，要第一时间拨打"120"；对自己的身体健康状况要有个基本认知，身体不适要及时检查、及时就医；要加强锻炼、增强体质；要有相对规律的生活习惯，早点、中午饭、晚饭要按时吃，少吃晚点。

2. 人生活在大千世界，都会有不良情绪，要学会调节控制和妥善转移自己的情绪，培养健康的心理、心态。

人不可能永远处在好的情绪之中，生活中有挫折、有烦恼，就会有消极的、不良的、负面的情绪；情绪失控最容易导致行为的冲动；我们要学会报告，不能用攻击、邀约他人攻击、伤害他人、伤害自己、压着不说等方法来管理不良情绪，这终将害人害己。

3. 人生苦短，都会有生老病死，要学会正确面对。

一是生老病死乃自然法则，人的寿命极限为 120 岁。世界卫生组织的研究结果对各项影响健康和寿命因素的重要性做了提示：个人的健康和寿命有 60% 取决于自己，15% 取决于遗传，10% 取决于社会因素，8% 取决于医疗条件，7% 取决于气候的影响。因此，健康和寿命也是由我们内因决定的。二是人的死亡是大自然物质存在形态的改变，这世上没有鬼怪。人死后就剩一个肉身。土葬，逐渐被细菌分解，最终经过一系列新陈代谢的作用被分解为二氧化碳、水、氨气、甲烷、铁、钙、磷等；火葬，燃烧后转变为二氧化碳、水蒸气、碳酸钾等。无论哪种葬法，都是在大自然中的另外一种存在。

4. 我们要珍爱生命、尊重生命。

珍爱、尊重自己的生命，珍爱、尊重他人的生命，珍爱、尊重动植物的生命。

5. 我们要珍惜当下，珍惜现在的学习、工作、生活。

要相互理解、相互帮助、和睦相处，构建融洽的师生关系、生生关系；要养成良好的习惯，好学习、敬生活、善做事；要铭记父母恩养，孝长辈、尊师长、懂礼貌；要遵守学校纪律，讲文明、树新风、有精气神；要培养做事精神，敢担当、负责任、善协调；要树立人生理想，确立阶段目标，拿出该有的行动，自觉学习、主动学习，带着责任心做事，拿出为实现人生理想、阶段目标该有的实际行动；要珍惜当下、珍惜现在的学习、生活、工作，把生命的价值发挥到最大化；要践行从学校的"约束式"管理成长向自我教育、自我管理、自我改进、自我提高的"内生式"成长转变，让自己更好、更优秀；要立志成为一名"阳光、朝气、活泼，爱国、守纪、自制，有理想、有目标、有行动，懂礼貌、懂感恩、会尊重"的新时代有志青年。

案例 2 安全的重要保障——掌握必要的安全知识和防范技能

基本情况：某中等职业学校一名男同学在食堂就餐时被食物卡住喉咙成功获救。

具体经过： 2022 年 5 月 ×× 日 17∶58 许，某中等职业学校 ××× 班 ××× 男同学在食堂就餐过程中，在回应路过身旁的同学打招呼时不慎被食物卡住喉咙。该同学立即自救，前往食堂橱窗购买水，准备用水冲下食物，到橱窗时该同学已不会说话，脸和脖子已红中带紫，眼睛微凸起，处于严重缺氧状态；但该同学自救意识强烈，努力用手指着自己的喉咙，食堂阿姨罗 ×× 看到后，立即知道了该同学被食物卡住了喉咙。此时罗 ×× 阿姨用"海姆立克急救法"进行急救，食堂的另一名同志立刻到食堂的另一端向李 ×× 老师报告，李 ×× 老师带着王 × 老师和食堂工作人员，第一时间到达现场，此时罗 ×× 阿姨正在急救，大约 30 秒，卡住喉咙的食物被吐出，1 分钟左右该同学恢复正常。

事件感悟： 事后，学校召开全体师生会议，感谢罗 ×× 同志的见义勇为救人行为，为她颁发"见义勇为博爱奖"！

这名同学是万幸的，因为他得救了！事后仔细想想，遇到这样的突发情况，我们每个人都有救人的勇气和担当，都会第一时间施救，但是，即便我们有了救人的勇气和行为，如果我们不具备救人的技能，救人的行为能成功吗？因此，掌握必要的安全知识和防范技能是安全的重要保障。

案例 2 2019 年 11 月 16 日，星期六，某中等职业学校二年级学生杨某某，外出时应邀参加了一个朋友（邻近学校学生）的生日聚会，聚会在城中心的一个酒吧进行。杨某某进去后发现人多而且很复杂，有不同学校的学生，还有各种社会人员，感觉怪怪的，于是杨某某喝了一杯啤酒后借上卫生间之机稍稍离开了酒吧，回到学校后坦然和老师报告了自己违反学校规定进入娱乐场所的情况，值班老师对杨某某进行了批评教育。两天后，杨某某才从微信群中了解到，周末过生日的朋友已被学校劝退，原因是当天在酒吧聚会的过程中，学校的几个学生和社会人员酒后发生了严重冲突，当场被巡逻民警以扰乱社会治安为由带回了辖区派出所。

事件分析： 一方面，酒吧、KTV 等娱乐场所，人员混杂，是社会闲散人员经常出入的是非之地。另一方面，对于是非判断和情感控制能力都比较弱的中专学生来说，在这种场所酒后很容易发生矛盾冲突。杨某某进去后感觉到气氛不对，然后果断提前离开，说明他还具有一定的安全意识，他能意识到和老师主动交代问题受批评总比在酒吧出事要好。如果杨某某当时不提前离开，免不了要多喝酒，最后难免会被牵连到事件中。

事件感悟：一是作为未成年学生不应该出入酒吧、KTV 等这些娱乐场所，因为他们没有成年人的是非判断和情绪控制能力，特别是酒后很容易惹是生非。二是遇事后要理性进行判断，对于不必要的纠缠要果断舍之，不要把自己置于麻烦甚至不安全的环境中。三是意识决定行为，凡事我们只有在头脑中有了安全的意识，才会具有安全的行为方式，这是关系到我们是否安全的决定性因素。

第八篇

维护国家安全

根据国家安全法的规定，国家安全是指"国家政权、主权、统一和领土完整、人民福祉、经济社会可持续发展和国家其他重大利益相对处于没有危险和不受内外威胁的状态，以及保障持续安全状态的能力"。国家安全历来是一国生存和发展的基本前提。当代国家安全的基本内容主要包括：政治安全、国土安全、军事安全、经济安全、文化安全、社会安全、科技安全、网络安全、生态安全、资源安全、核安全、海外利益安全、生物安全、太空安全、极地安全、深海安全16个方面。

一、总体国家安全观的提出

在党的十八届三中全会召开前，我国面临对外维护国家主权，安全、发展利益，对内维护政治安全和社会稳定的双重压力，各种可以预见和难以预见的风险因素明显增多。而我们的安全工作体制机制还不能适应维护国家安全的需要，需要搭建一个强有力的平台统筹国家安全工作。设立国家安全委员会，加强对国家安全工作的集中统一领导，已是当务之急。

2013年11月召开的党的十八届三中全会对国家安全工作作出部署，提出"设立国家安全委员会，完善国家安全体制和国家安全战略，确保国家安全"。为落实党的十八届三中全会关于成立国家安全委员会的部署，2014年1月24日，中央政治局召开会议，研究决定中央国家安全委员会设置。会议决定，中央国家安全委员会由习近平总书记任主席，下设常务委员和委员若干名。

习近平总书记在二十大报告中指出，国家安全是民族复兴的根基，社会稳定是国家强盛的前提。必须坚定不移贯彻总体国家安全观，把维护国家安全贯穿党和国家工作各方面全过程，确保国家安全和社会稳定。

二、总体国家安全观的内涵

（一）总体国家安全观的内涵

即总体国家安全观的五大要素：以人民安全为宗旨，政治安全为根本，以经济安全为基础，以军事、文化、社会安全为保障，以促进国际安全为依托。

（二）总体国家安全观的五对关系

既重视发展问题，又重视安全问题；既重视外部安全，又重视内部安全；既重视国土安全，又重视国民安全；既重视传统安全，又重视非传统安全；既重视自身安全，又重视共同安全。

（三）总体国家安全观的五个统筹

统筹发展和安全；统筹开放和安全；统筹传统安全和非传统安全；统筹自身

安全和共同安全；统筹维护国家安全和塑造国家安全。

（四）总体国家安全观的十个坚持

坚持党对国家安全工作的绝对领导；坚持中国特色国家安全道路；坚持以人民安全为宗旨；坚持统筹发展和安全；坚持把政治安全放在首要位置；坚持统筹推进各领域安全；坚持把防范化解国家安全风险摆在突出位置；坚持推进国际共同安全；坚持推进国家安全体系和能力现代化；坚持加强国家安全干部队伍建设。

（五）当代国家安全基本内容的定义

1. 政治安全。

是指一个国家由政权、政治制度和意识形态为要素组成的政治体系，相对处于没有危险和不受威胁的状态以及面对风险和挑战时能够及时有效防范、应对，从而确保国家良好政治秩序的能力。

2. 国土安全。

涵盖领土、自然资源、基础设施等要素，核心是指领土完整、国家统一、边疆边境、海洋权益等不受侵犯或免受威胁的状态，以及持续保持这种状态的能力。

3. 军事安全。

是指国家不受外部军事入侵和战争威胁的状态，以及保障这一持续安全状态的能力。

4. 经济安全。

核心是坚持社会主义基本经济制度不动摇，不断完善社会主义市场经济体制，坚持发展是硬道理，不断提高国家的经济整体实力、竞争力和抵御内外各种冲击与威胁的能力。

5. 文化安全。

是指一国文化相对处于没有危险和不受内外威胁的状态，以及保障持续安全状态的能力。文化是民族的血脉，是人民的精神家园。

6. 社会安全。

是指防范、消除、控制直接威胁社会公共秩序和人民群众生命财产安全的治安、刑事、暴力恐怖事件以及规模较大的群体性事件等的能力。涉及打击犯罪、维护稳定、社会治理、公共服务等各个方面，与人民群众切身利益息息相关。

7. 科技安全。

是指保障科技自身安全和科技支撑保障相关领域安全的能力。涵盖科技人才、设施设备、科技活动、科技成果、成果应用安全等方面，是支撑国家安全的重要力量和技术基础。

8. 网络安全。

是指通过采取必要措施，防范对网络的攻击、侵入、干扰、破坏、非法使用和意外事故，使网络处于稳定可靠运行的状态，以及保障网络数据的完整性、保密性、可用性的能力。

9. 生态安全。

是指一个国家赖以生存和发展的生态环境处于不受或少受破坏和威胁的状态，以及应对内外重大生态问题，保障这一持续状态的能力。

10. 资源安全。是指一个国家或地区可以持续、稳定、充足和经济地获取所需自然资源及资源性产品的状态，以及维护这一安全状态的能力。

11. 核安全。

是指对核设施、核活动、核材料和放射性物质采取必要和充分的监控、保护、预防和缓解等安全措施，防止由于任何技术原因、人为原因或自然灾害造成事故发生，并最大限度减少事故情况下的放射性后果，从而保护工作人员、公众和环境免受不当辐射危害的能力。

12. 海外利益安全。

是指保障中国政府、企业、社会组织和公民，通过全球联系，在中国主权管辖范围以外的地理空间上存在的，主要以国际合约形式表现出来的中国国家利益的能力。

13. 生物安全。

一般是指由现代生物技术开发和应用对生态环境和人体健康造成的潜在威胁，及对其所采取的一系列有效预防和控制措施。

14. 太空安全。

是指国家在（外层）空间领域和方向的利益不受威胁或侵害的状态。包括确保国家能够自由安全地进出太空、开发和利用太空，并消除太空系统面临的各种威胁。

15. 极地安全。

是指维护国家和平探索和利用极地，增强安全进出、科学考察、开发利用的能力，加强国际合作，维护我国在极地的活动、资产和其他利益的安全。

16. 深海安全。

是指和平探索和利用国际海底区域，增强安全进出、科学考察、开发利用的能力，加强国际合作，维护我国在国际海底区域的活动、资产和其他利益的安全。

三、总体国家安全观的核心要义

总体国家安全观是一个内容丰富、开放包容、不断发展的安全观念体系，是一种运用系统思维将国家安全状态、能力及其过程理解为一个有机系统的观念体系，即从战略和全局的高度看待国家各层面、各领域安全问题，统筹运用各方面资源和手段予以综合解决，实现国家安全多方面内容和要求的有机统一。总体国家安全观的核心要义可以概括为五大要素和五对关系。

（一）五大要素就是以人民安全为宗旨，以政治安全为根本，以经济安全为基础，以军事、文化、社会安全为保障，以促进国际安全为依托

1. 以人民安全为宗旨。

人民安全高于一切，坚持以人为本，坚持国家安全一切为了人民，一切依靠人民。以人民安全为宗旨，体现了总体国家安全观的根本要求。国家安全工作只有坚持以人民为中心，与人民紧紧结合在一起，才能赢得信任、增强信心，才能团结人民共同构筑起维护国家安全的铜墙铁壁。

2. 以政治安全为根本。

政治安全攸关我们党和国家安危，是国家安全的根本；经济、文化、社会、网络、军事等领域安全的维系，最终都需要以政治安全为前提；其他领域的安全问题，也会反作用于政治安全。政治安全的核心是政权安全和制度安全。近年来，境外势力利用信息网络、课堂讲坛、地下教会等途径，传播西方思想文化和意识形态，诋毁我国主流意识形态，片面渲染、刻意放大我国的各种问题，甚至制造各种谣言，煽动社会不满情绪。在此背景下，迫切需要坚持总体国家安全观，坚决捍卫中国共产党的执政地位、捍卫中国特色社会主义制度。

3. 以经济安全为基础。

就是要确保国家经济发展不受侵害，促进经济持续稳定健康发展，提高国家经济实力，为国家安全提供坚实物质基础。目前，经济全球化是大趋势，经济互动日益增多，经济竞争成为大国竞争的主战场，不定期出现的经济领域危机、摩擦和制裁成为世界各国面临的突出问题。这就使得经济安全在国家安全体系中的重要地位越来越凸显。中国与国际社会的互动关系是立体的，你中有我、我中有你。"以经济建设为中心是兴国之要，发展仍是解决我国所有问题的关键"。我们要始终坚持社会主义基本经济制度，格外重视维护经济安全，主动作为、积极调控，适应新常态，把握新常态，引领新常态。

4.以军事、文化、社会安全为保障。

国家安全是一个整体布局，局部的动荡，就可能演变成整体的危机。军事安全是国家安全的关键，处于支柱地位，作用不可替代，军事手段始终是维护国家安全的最后保障。文化安全是一个民族、一个国家独立和尊严的重要精神支撑。文化兴则国家兴，文化衰则国家亡。当今世界，文化在综合国力竞争中的地位和作用更加凸显，开放环境下维护文化安全任务更加艰巨。社会安全是国家改革发展的重要保障，直接反映人民群众的幸福感和满意度。我们要协调社会利益关系、化解社会矛盾、促进各阶层成员和谐共处，最终实现人民安居乐业、社会文明进步。同时，要严厉打击暴力恐怖活动，妥善处置影响国家安全和社会稳定的突发事件，促进社会和谐、稳定。

5.以促进国际安全为依托。

促进国际安全就是为了实现共同安全，就是尊重和保障每一个国家的安全利益。共同是双向的，俄乌冲突的实质就是俄罗斯的国家安全利益得不到应有的保障所引发的。在国际社会中，各个国家实力强弱不同、意识形态和政治制度各异、利益诉求存在差别，但都是平等的成员，在安全互动中都是利益攸关方，是相互依赖、休戚与共的关系。以促进国际安全为依托，就要始终不渝走和平发展道路，在注重维护本国安全利益的同时，注重对外求和平、求合作、求共赢，推动建设持久和平、普遍安全、共同繁荣、开放包容的世界。

（二）五对关系就是既重视发展问题，又重视安全问题；既重视外部安全，又重视内部安全；既重视国土安全，又重视国民安全；既重视传统安全，又重视非传统安全；既重视自身安全，又重视共同安全

1.第一对关系。

既重视发展问题，又重视安全问题是统筹实现发展与安全的有机统一。发展和安全是一体之两翼、驱动之双轮。发展是安全的基础和目的，安全是发展的条件和保障，发展和安全要同步推进。既要善于运用发展成果夯实国家安全的实力基础，又要善于塑造有利于经济社会发展的安全环境。改革开放以来取得的重大发展成就充分证明，只有安全稳定的国际国内环境，才能心无旁骛地发展生产。

2.第二对关系。

既重视外部安全，又重视内部安全，才能实现整体国家安全。处理好内外安全问题，是实现中华民族伟大复兴的重大课题。当今世界，互联互通，安全问题已超越国界，任何一个国家的安全问题在一定条件下都会外溢成为区域性甚至全球性的问题，统筹好内外安全问题，才能实现整体国家安全的内外良性互动。

3. 第三对关系。

既重视国土安全，又重视国民安全是实现国土安全与国民安全的共同巩固。总体国家安全观把国民安全放在国家安全体系的主导地位，以人民安全为宗旨，坚持以人为本，坚持人民安全高于一切，体现了总体国家安全观的根本要求，同时强调国土安全依然占据着不可或缺的地位。历史证明，国土安全一旦遭受破坏，将波及国家的政治、经济、文化等其他领域的安全，进而引发国家安全的总体危机。同时，任何一个领域安全出现问题，都将对国土安全造成威胁。

4. 第四对关系。

既重视传统安全，又重视非传统安全是实现传统安全与非传统安全的统筹治理。传统安全和非传统安全只有产生先后、表现形式不同的区分，没有孰大孰小、孰重孰轻的区分，非传统安全是在传统安全基础上发展的，传统安全与非传统安全同时存在、相互关联，并在一定条件下可以相互转化。各国只有加强合作，统筹维护传统和非传统安全，以合作谋安全、谋稳定，以安全促和平、促发展，以对话协商、互利合作的方式破解难题，才能共同应对安全挑战，才能实现持久安全。

5. 第五对关系。

既重视自身安全，又重视共同安全是实现自身安全与共同安全的相辅相成。当今中国，置身于资本主义世界丛林，积极维护自身安全是头等大事，我国与世界密不可分，要推动各国朝着互利互惠、共同安全的目标相向而行。当今世界，国与国之间相互依存和利益交融日益加深，世界联系越来越紧密，已成为你中有我、我中有你的命运共同体，自身安全与共同安全紧密关联，任何国家都不可能独善其身。当今时代，国际安全问题越来越多地需要开展国际合作，参与全球治理，谋求共同安全，通过多边机制和合作对话共同解决。

四、中职学生怎样践行总体国家安全观

（一）发挥主观能动性，自觉践行总体国家安全观

国家安全，人人有责。作为肩负社会主义事业的建设者和接班人，实现中华民族伟大复兴的新一代，我们要牢记习近平总书记在党的二十大报告中："青年强，则国家强。当代中国青年生逢其时，施展才干的舞台无比广阔，实现梦想的前景无比光明""广大青年要坚定不移听党话、跟党走，怀抱梦想又脚踏实地，敢想敢为又善作善成，立志做有理想、敢担当、能吃苦、肯奋斗的新时代好青年，让青春在全面建设社会主义现代化国家的火热实践中绽放绚丽之花"的殷切嘱托，永

远感党恩、听党话、跟党走，深入理解和准确把握总体国家安全观，牢固树立国家利益高于一切的观念，增强自觉维护国家安全的意识，具备维护国家安全的能力。

重点围绕理解国家安全的重要性，我国新时代国家安全的形势与特点，总体国家安全观的基本内涵、重点领域、重大意义和有关国家安全的基本内容及相关法律法规，人民福祉与国家关系。初步掌握国家安全各领域内涵及其关系，认识国家安全对国家发展的重要作用，树立忧患意识，增强国家意识，强化政治认同，坚定道路自信、理论自信、制度自信、文化自信，践行社会主义核心价值观，修德习技、进取自立，积极参加学校组织的各类第二课堂活动，为投身国防和社会主义现代化建设事业而储备技能和本领，居安思危，增强自觉维护国家安全的使命感，时刻牢记我们是炎黄子孙，增强做中国人的"志气、骨气、底气"，为作为中国人而感到骄傲与自豪。

（二）以身作则，践行《中华人民共和国国家安全法》第六章：公民、组织的义务和权利

中华人民共和国国家安全法，是为了维护国家安全，保卫人民民主专政的政权和中国特色社会主义制度，保护人民的根本利益，保障改革开放和社会主义现代化建设的顺利进行，实现中华民族伟大复兴，根据《中华人民共和国宪法》，制定的法规。

2015 年 7 月 1 日，第十二届全国人民代表大会常务委员会第十五次会议通过新的国家安全法。国家主席习近平签署第 29 号主席令予以公布。法律对政治安全、国土安全、军事安全、文化安全、科技安全等 11 个领域的国家安全任务进行了明确，共 7 章 84 条，自 2015 年 7 月 1 日起施行。

第七十七条　公民和组织应当履行下列维护国家安全的义务

1. 遵守宪法、法律法规关于国家安全的有关规定；

2. 及时报告危害国家安全活动的线索；

3. 如实提供所知悉的涉及危害国家安全活动的证据；

4. 为国家安全工作提供便利条件或者其他协助；

5. 向国家安全机关、公安机关和有关军事机关提供必要的支持和协助；

6. 保守所知悉的国家秘密；

7. 法律、行政法规规定的其他义务。

任何个人和组织不得有危害国家安全的行为，不得向危害国家安全的个人或者组织提供任何资助或者协助。

第七十八条　机关、人民团体、企业事业组织和其他社会组织应当对本单位的人员进行维护国家安全的教育，动员、组织本单位的人员防范、制止危害国家安全的行为。

第七十九条　企业事业组织根据国家安全工作的要求，应当配合有关部门采取相关安全措施。

第八十条　公民和组织支持、协助国家安全工作的行为受法律保护。因支持、协助国家安全工作，本人或者其近亲属的人身安全面临危险的，可以向公安机关、国家安全机关请求予以保护。公安机关、国家安全机关应当会同有关部门依法采取保护措施。

第八十一条　公民和组织因支持、协助国家安全工作导致财产损失的，按照国家有关规定给予补偿；造成人身伤害或者死亡的，按照国家有关规定给予抚恤优待。

第八十二条　公民和组织对国家安全工作有向国家机关提出批评建议的权利，对国家机关及其工作人员在国家安全工作中的违法失职行为有提出申诉、控告和检举的权利。

第八十三条　在国家安全工作中，需要采取限制公民权利和自由的特别措施时，应当依法进行，并以维护国家安全的实际需要为限度。

参 考 文 献

[1] 陈文清 . 全面践行总体国家安全观 . 北京：人民出版社，2019.

[2] 卫蓝 . 暗理性：如何掌控情绪 . 浙江：浙江人民出版社，2019.

[3] 胡明瑜 . 掌控情绪 . 北京：人民邮电出版社，2021.